丘陵地茶园
土壤退化与改良技术研究

◎ 李艳春　王义祥　杨冬雪　林文雄　翁伯琦　著

U0306542

中国农业科学技术出版社

图书在版编目（CIP）数据

丘陵地茶园土壤退化与改良技术研究 / 李艳春等著 . --北京：中国农业科学技术出版社，2023.9

ISBN 978-7-5116-6400-6

Ⅰ.①丘…　Ⅱ.①李…　Ⅲ.①丘陵地-茶园-土壤退化-研究-中国②丘陵地-茶园-土壤改良-研究-中国　Ⅳ.①S571.1②S158.1③S156

中国国家版本馆 CIP 数据核字（2023）第 158950 号

责任编辑	倪小勋
责任校对	马广洋
责任印制	姜义伟　王思文

出 版 者	中国农业科学技术出版社
	北京市中关村南大街 12 号　　邮编：100081
电　　话	（010）82105169（编辑室）　　（010）82109702（发行部）
	（010）82109709（读者服务部）
网　　址	https://castp.caas.cn
经 销 者	各地新华书店
印 刷 者	北京建宏印刷有限公司
开　　本	185 mm×260 mm　1/16
印　　张	14.25
字　　数	280 千字
版　　次	2023 年 9 月第 1 版　2023 年 9 月第 1 次印刷
定　　价	56.00 元

前　言

茶树是我国重要的经济作物，茶产业是助力脱贫攻坚、推动乡村振兴的支柱产业。要把茶文化、茶产业、茶科技统筹起来，相互结合，协同发展，这已成为新时期茶产业高质量持续发展的重要方向。

21世纪以来，我国茶业规模快速扩张，茶园面积从2000年的108.9万 hm^2 增长到2021年的318.7万 hm^2，增加1.93倍，年均增长5.25%；茶叶产量从2000年的68.3万 t 增长到2021年的308万 t，增加3.5倍，年均增长7.6%。与此同时，茶叶内销量从45.8万 t 增长到230万 t，年均增长7.99%；出口量从22.8万 t 增长到36.9万 t，年均增长2.33%。随着生活水平的提高和保健意识的增强，人们对茶叶的质量安全更加关注。茶叶的质量安全问题不仅影响到我国茶叶产业的发展水平，而且直接关系到我国茶叶在国际市场上的竞争力。很显然，茶叶质量已经成为我国茶叶出口的最大瓶颈。在茶树种植环节，农药和化肥使用不当会造成茶叶中农药、重金属等含量超标问题，直接影响茶叶的质量和安全。例如，我国30%的茶园氮肥施用过量，不仅造成能源浪费，而且易引起大面积茶园土壤酸化，而土壤酸化又可能导致土壤重金属和氟的活化，增加重金属和氟在茶叶中转移和累积的风险。因此，加强茶园土壤质量管理，不断提高茶叶产量和品质，这对促进我国茶叶产业的可持续发展有着十分重要的现实意义。

我国茶园分布于21个省（区、市），茶园面积超过4 000万亩（1亩≈667 m^2，全书同），各地在探索丰产优质栽培方面创立了诸多模式与管理经验。但是，随着现代茶园生产集约化程度的增加，许多茶园存在大量施用化肥和农药的现象，不仅造成资源浪费，而且还导致茶园土壤酸化程度加剧、养分非均衡性退化等土壤化学障碍问题，茶园土壤质量下降。据报道，全国有超过52%的茶园土壤 pH 值在4.5以下（属于不适宜茶树生长的强酸性土壤），而福建省茶园土壤平均 pH 值为4.04，属于严重酸化土壤。此外，由于茶树长期单作，茶园物种单一、生态系统简化，由此引起土壤生物学障碍。许多茶园根际微生物多样性降低，根际微生物区系由高肥

1

力的"细菌型"向低肥力的"真菌型"转化，引发茶园土传病害发生。为追求经济利益最大化，茶农常通过增施化肥、喷施农药来维持茶树的高产和有效成分含量提升，然而过量地使用化肥和农药不仅提高了茶叶的生产成本，而且导致茶叶农药残留超标、土壤微环境破坏加剧、茶园生态结构脆弱等一系列问题，使茶叶生产陷入恶性循环，严重制约了茶产业的可持续发展。

退化茶园土壤障碍因子的消减与土壤质量的提升是保障茶园可持续生产的根本。本书的研究以福建省茶园为主，也统筹关注全国茶园同类问题的发生与变化动态，通过系统分析福建省茶园存在的生态环境变化以及长期单作茶园引发的连作障碍问题，明确了土壤酸化、养分非均衡性退化和生物退化是当前茶园面临的最主要的土壤障碍因子。施用石灰是调控土壤酸度的常用而有效的方法，但石灰施用不当会影响土壤钙、镁养分平衡，从而对茶树生长和茶叶品质产生负面影响，特别是在南方红壤区长期大量施用石灰将引起土壤板结、复酸化作用和阳离子不平衡，而且成本较高。因此，寻求和选择廉价、易得的土壤改良剂替代传统的碱性矿物质，已成为当前土壤生态修复领域急需解决的现实问题。目前，也有较多关于施用生物质炭和有机肥对酸化茶园土壤改良的研究，但这些研究大多数只针对茶园土壤化学障碍环节，对消减和调控茶园土壤生物障碍方面的研究较少。本研究在深入探明退化茶园存在的主要障碍因子的基础上，针对性地探讨利用农业秸秆、羊粪有机肥、生物质炭等生物质材料、茶园套种绿肥和间作食用菌等一系列农业技术措施对退化茶园土壤的改良效果，为我国茶园生态系统管理提供科学依据。

本书是经过多年研究完成的，第一章着重介绍了茶园现状与生态环境问题，第二章重点阐述了连作年限对茶树生长和土壤性质的影响，第三章和第四章分别介绍了连作年限对茶园土壤微生物代谢活性、群落结构以及细菌和真菌群落多样性的影响，第五章深入探讨了茶树连作障碍发生的可能机制，第六章研究并总结了茶树连作障碍的生化和生态调控技术，第七章简要介绍了不同类型生物质材料对酸化茶园土壤的改良效果，第八章介绍了生物质炭和羊粪对退化茶园土壤的改良效果，第九章和第十章分别介绍了套种绿肥和间作食用菌对茶园土壤的改良效果。本书的相关研究先后得到了福建省自然科学基金项目（2019J01100）、福建省科技计划项目（2017R1016-2）、福建省农业科学院科技创新团队建设项目和福建省农业科学院农业生态研究所所级项目等的资助。项目研究与推广应用实践予以人们深刻的启示：要针对生产实践出现的技术问题予以立项研究，只有解决产业发展技术供需对接，方能富有成效；要实施农科教企有效结合与联合协同科研攻关，只有先进性与便捷性有效的结合，方能便于推广；要持之以恒坚持基础研究与实用技术探索结合，只有以技术的有效性为检验标准，方能科技兴农。我们及时总结研发成果，并出版学术专著，目的在于让更多人了解新技术应用成效，更好地推广应用实用技术，助力茶业高质量健康发展，助力广大茶农增收致富，这是我们项目组科技人员的初心与使命。

在学术专著即将正式出版之际，谨向为本书顺利出版提供资助和帮助的相关单位和人员致以衷心感谢。由于时间仓促，本书在编写的过程中可能出现一些疏漏和不足，恳请读者批评指正。

李艳春

2023 年 4 月

目　　录

绪　　论

2021年，习近平总书记来福建省考察时提出"三茶"统筹发展理念，茶文化、茶产业、茶科技的融合发展已经成为新时代茶产业高质量持续发展的重要方向。站在新的历史起点上，茶产业如何适应新时代与新发展要求，破解整个行业面临的供求失衡、质量不稳、效益不高、功能单一等问题，是实现茶产业高质量绿色发展与助推乡村全面振兴的关键所在。就茶叶生产分布格局而言，中国茶叶生产主要集中在山区农村，尽管十几年来茶叶开发面积有所增加，但数量、质量、效益仍然无法实现同步增长，主要原因依然是大部分山地茶园建设仍以传统生产方式为主，茶园生态退化问题日益突出。如何寻求既保障生产又保护生态的山地茶业开发之路，无疑是至关重要的。

一、茶园生态退化与修复技术研究概况

1. 茶园生态退化概况与影响

由于人口、资源、环境间的矛盾加剧，加之区域经济发展不均衡，红壤地区土壤和生态环境退化严重，主要包括局部水土流失加剧、土壤肥力退化、土壤酸化加速、季节性干旱严重，以及土壤和农产品污染等。其中，土壤侵蚀是导致红壤和红壤生态系统退化的最重要原因，大量的有机质和矿质养分因遭侵蚀而损失；土壤侵蚀还造成土壤有效水分减少和通透性差，使得土壤的保肥能力下降；强烈的风化和土壤淋溶作用，更加剧了土壤的养分贫瘠化及肥力衰减过程；土壤酸化导致红壤对钾、铵、钙、镁等离子的吸附量减少，而随渗漏水流失；由于土壤肥力的下降，植被生长发育受到限制，对土壤的保护作用减弱，进一步加剧水土流失和土壤侵蚀；肥料中的养分和土壤养分因水土流失和土壤淋溶作用导致水体富营养化，不仅造成土地退化、土地生产力下降、农产品品质下降，而且导致生态环境恶化和农民生活

贫困，严重影响红壤地区的粮食安全和农业可持续发展，阻碍了该地区社会经济的协调发展与和谐社会的构建。以红壤丘陵地典型土地利用类型——茶园为例，由于茶园过度开发与生态保护间失衡，导致茶园土壤和生态环境退化严重，包括水土流失加剧、土壤肥力退化、土壤酸化加速等。以福建省为例，福建省茶园水土流失较为严重，土壤酸化也日趋加剧，全省茶园水土流失面积高达 6.35 万 hm^2，占山地开发水土流失总面积的 22.73%，占茶园总面积的比率高达 46.62%，即近一半的茶园存在着水土流失（陈文祥 等，2006）。茶园水土的大量流失，导致茶园土壤贫瘠，施肥效应低，同时携带着大量化肥、农药流失的径流和土壤进入河湖水库，引起水体富营养化，污染水源，造成河湖水库等水环境恶化。福建省茶园土壤酸化也日趋严重，土壤 pH 值在 4.5 以下的茶园占 86.9%，其中 pH 值低于 4.0 的严重酸化茶园占 28%。茶园土壤酸化加速营养元素流失，促进铝、锰以及重金属等元素的活化，改变土壤微生物群落及活性，影响茶树根系发育和养分吸收，滋生植物病虫害等，对茶树生长和茶叶品质产生严重影响。因此，开展退化茶园生态修复与生态农业技术的集成研究，对提高茶园的土地生产力和红壤生态系统的稳定性，保障茶业持续发展和区域生态安全具有重大意义。

2. 退化茶园的生态修复技术

目前，许多国家对退化生态系统的恢复与重建已经开展了大量的研究，获得了许多研究成果，但还没有形成系统的理论体系与技术体系，研究对象多数是森林生态系统、湿地生态系统、草地生态系统、水生生态系统和废矿地等，针对茶园生态系统的修复技术还很缺乏。关于已利用坡地资源的水土流失治理，国内外均进行了大量的研究并针对不同的区域特点提出各具特色的治理模式，也取得了良好的成效，总体而言，主要包括工程措施与生物措施。茶园水土保持技术研究也主要集中在不同工程措施（等高梯田）与生物措施（生物覆盖）的保水、保土以及简单的培肥地力等方面。在植物的品种选择上、各种措施的配置技术上均有所欠缺，新的突破较少，特别是茶园水土流失区覆盖技术有待进一步研究。有关对福建省茶园土壤肥力现状的调查表明，由于化肥特别是氮肥的大量施用，福建省茶园已基本不存在缺氮现象，部分地区含量大大超过环境临界值；磷、钾的缺乏也有所减轻，但缺钾现象仍然十分突出；茶园土壤铅和汞含量稍高于福建省土壤背景值，部分地区茶园有效锰、有效铜较欠缺。因此，改良退化红壤茶园进而培育肥沃的土壤，充分发挥红壤潜在的生产力，必须恢复重建红壤的养分库。酸化改良方面，在酸性土壤中施用石灰或者石灰石粉是改良酸性土壤的传统和有效的方法，但茶树生长要求土壤中钙、镁保持一定比例，石灰施用不当会导致土壤钙、镁养分失衡，反而会对茶树生长和茶叶品质产生不良影响，而且在南方红壤区长期大量施用石灰将引起土壤板结、复酸化作用和阳离子不平衡，且成本较高。因此，寻求和选择廉价、易得的土壤改良剂，替代传统的碱性矿物质，已成为国内外研究的热点。另外，近年来一些研究发现某些植物物料及畜禽粪便等有机废弃物对土壤酸度有一定的中和作用，试验表明在马来群岛的强酸性土壤（pH 值＜3.5）上分别施用泥炭、泥炭和绿肥、泥炭和水稻秸秆、泥炭和鸡粪以及泥炭和油坊软泥均能不同程度地减轻土壤中铝对作物的毒害作用。施用作物茎秆焚烧产生的草木灰、猪粪与小麦秸秆混合在一定条件下腐熟生产的有机肥均能降低土壤酸度，缓解铝对酸性土壤上植物的毒害。但目前国内相关的研究报道还不多。实际上，茶园的退化主要表现在侵蚀、酸化和肥力贫瘠化等形式，所有这些退化过程将影响土壤的化学过程、物理学过程和生物学过程，并最终表现为土壤物理、化学与生物学特性的退化，是一种复合退化过程。因此，应针对茶园复合退化过程，特别是生态系统结构失衡（结构单一）、土壤肥力贫瘠化和生物功能退化、土壤酸化和水土流失等关键问题，开发与集成技术含量高、效益好、实施简单、易于推广的高效生态农业关键技术体系和模式，促进红壤茶园生态功能的恢复，提高红壤生态系统综合生产力和经济效益。

3. 茶园土壤酸化改良的对策

随着现代茶园生产集约化水平提高，茶园正面临着土壤酸化、养分贫瘠化和不均衡退化等各种环境压力。据报道，全国有超过 52% 的茶园土壤 pH 值在 4.5 以下（属于不适宜茶树生长的强酸性土壤），而福建省茶园土壤平均 pH 值为 4.04，属于严重酸化土壤。显然，茶园土壤酸化已成为制约当前茶业发展的突出问题。生产实践表明，茶园土壤酸化产生的危害呈现在 4 个方面：一是导致茶园土壤板结、透气性差，造成茶树根系伸长困难，根系吸收能力下降，茶树长势较弱；二是降低土壤中磷的有效性，加剧钾、钙、镁等盐基离子的淋溶损失，妨碍茶树根系对土壤养分的吸收；三是导致土壤中微生物种类和数量减少以及活性降低，影响土壤养分转化和根系的养分吸收；四是会增强土壤中重金属的活性，增加重金属向茶叶中转移的风险。如不及时采取有效的应对措施，将严重影响茶叶的产量和品质，制约茶园的可持续生产。

有效防控茶园土壤酸化，需着力把握 4 个重要环节。一是加强土壤监测并因地制宜采取防控措施。定期监测茶园土壤酸化情况，发现 pH 值小于 4.5 时，要连续增施菌渣等优质有机肥，同时酌情选用石灰等酸化土壤改良剂，有效调控土壤酸度，保障茶树适宜的生长环境。二是着力推广茶园土壤酸化的综合治理技术。调控茶园土壤酸度的传统方法是施用石灰、石灰石粉、白云石粉等，虽然短期内能提高土壤 pH 值，但长期施用可能引发土壤钾、钙、钠等元素失衡，以及土壤板结等不良影响。茶园土壤酸化与贫瘠化往往同时发生，化肥和有机物料（秸秆废弃物、牲畜粪肥、生物质炭等）的配合施用可以维持土壤酸碱平衡，有助于减缓土壤酸化，增加茶园土壤肥力。要着力创新茶园持续改酸培肥的技术，并构建防控茶园土壤酸化的便捷管理模式。三是构建多样性栽培及其复合生态茶园模式。茶园长期单作会加剧水土流失，导致病虫害猖獗、土壤肥力衰退等问题，进而会严重制约茶树产量和品质的提高。而复合生态茶园系统的建立，如林茶复合、茶草复合、果茶复合、茶菌复合等间作套种模式，可以克服单作茶园的弊端，增加茶园生态系统物种的多样性，实现优势互补、保护土壤、增加产量和提高品质的目的。四是建设社会服务体系并形成长效治理机制。针对当前许多茶农对土壤酸化危害认识不足，普遍存在重耕轻养等问题，需要各级农业管理部门发挥引导作用，有效开展茶园土壤酸化防控技术集成推广与应用实施。同时，加强农业高校、科研院所、农技部门的技术服务体系建设，依托农民专业合作社、家庭农场、科技小院、示范基地等开展技术培训与现场观摩，建立起"政府引导—科技支撑—示范引领—集成推广"的协同联动机制，推动茶园土壤酸化的有效防控，形成生态茶园建设与茶农增收致富新格局，助力乡村产业振兴与茶业绿色发展。

二、生态茶园的优化构建及其研究概况

1. 生态茶园的构建与内涵

生态茶园建设的主要目的就是通过构建生物多样性种植模式，改善生态环境，提高茶叶品质，满足消费者对安全营养的茶食品和饮料可持续发展的需求。因此，搞好生态茶园的建设，既是环境保护的需要，又是我国茶产业可持续发展的趋势。据文献报道，1986 年云南省农业科学院茶叶研究所根据农业发展趋势和茶叶生产现状，在胶茶人工群落的启发下，结合多年的实践经验，在《生态学学习笔记》一文中正式提出了生态茶园的概念并概括了优化构建生态茶园的 5 点要求（陈红伟 等，

2014）。文中指出：按生态学原理和生态规律建立起来的，具有多层次、多成分、多功能，结构稳定、系统平衡，并具有稳定持久的经济、生态、社会三大效益的茶园，就是生态茶园。笔者认为，生态茶园是随着中国现代生态农业发展而衍生出来的一个方向，属于生态农业建设的内容之一。由此伴随中国生态农业发展，在不同的发展阶段，不同的学者或专家对生态茶园也提出了不同的定义。发展到今天，学术界对生态茶园（Ecology tea plantation）的定义是以茶树为主要物种，以生态学（Ecology）和经济学（Economics）的原理为指导建立起来的一种高效益的人工农业生态系统（吴秉礼 等，1993；车生泉，1998）。它可以充分发挥人对茶园生态系统的调控作用，因地制宜地建立多种多样的茶园生态系统，充分利用各种生态资源，从而获得最大的生态、经济、社会效益。

生态茶园一般具有以下 4 个方面的基本特征。一是整体性。生态茶园的整体性表现在各子系统之间，子系统内各成分之间都有内在联系，这种联系使茶园生态经济系统构成一个有机联系的整体。二是多样性。生态茶园建设要充分吸收我国传统农业精华，结合现代科学技术，努力构建以多种生态农业模式和丰富多彩的技术类型组装配套的多功能农业生产体系，力求做到因地制宜，扬长避短，使茶产业能依据社会需要与当地实际协调发展。三是高效性。生态茶园是通过物质循环与能量多层次综合利用以及系列化深加工来实现效益增值和废弃物资源化应用，提高农业生产效益。四是持续性。建设生态茶园要注重保护和改善生态条件，防止环境污染，维护生态平衡，提高农产品的安全性。

2. 生态茶园技术模式研究

自古以来，人们就十分注重茶园的生态栽培。唐朝永贞元年（公元 805 年），刘禹锡在《西山兰若试茶歌》中提到在竹间种茶的方法，可使茶树有适宜的庇荫环境，且"竹露所滴其茗，倍有清气"（朱海燕 等，2007）。在宋朝，则有"植木以资茶之荫"的做法（福建省地方志编纂委员会，1977）。明朝罗廪在《茶解》中指出，"茶园不宜杂以恶木，惟桂、梅、辛夷、玉兰、苍松、翠竹之类，与之间植，亦足以蔽覆霜雪，掩映秋阳"（阮浩耕 等，1999）。在长期的生产实践中，劳动人民已创造出了形式多样的茶园生态栽培模式，如：茶—果、茶—林、茶—农、茶—草、茶—药等。

我国生态茶园的建设模式大致可以分为 3 类（朱晓雯，2014）。一是复合生态型。以上列举的茶园生态栽培模式也多数属于这种模式，其应用在我国也最为广泛。二是循环利用型。此种模式要求将系统中的废弃物质予以充分利用，以达到防止污染、提高资源利用率的目的，主要是茶—牧（禽）—沼模式。这种农业生态系统包括能量流动和物质循环，我国的浙、粤、桂、鄂等省（区）的茶区都有采用这种模式。三是优化混合型。这种模式是将复合生态型和循环利用型模式有机地结合起来，是一种产量高、污染少、效益高的模式，主要有茶—畜—草型、林—茶—牧（兽）—沼型和茶—药—牧草—禽（畜）—渔—沼型，我国的苏、赣、鄂、皖、豫、闽、湘、粤、桂等省（区）茶区都有推广这种模式。

3. 生态茶园的生态学研究

（1）提高综合生产力

太阳辐射状况是植物生长的重要决定因子之一，生态茶园的太阳辐射状况对茶叶的光合作用和茶树的生长有着重要影响。宋清海等（2014）对生态茶园不同套种模式光合有效辐射特征的研究发现，不同套种模式光合有效辐射与纯茶园的比值具有较大差异。例如，在干热季樟树—茶树模式的光合有效辐射仅为纯茶园的65.9%，雨季为76.0%，雾凉季为87.2%；而千斤拔—茶树模式的光合有效辐射在干热季、雨季和雾凉季则分别为纯茶园的90.2%、91.2%和99.9%；各套种模式光合有效辐射的比值均是干热季＜雨季＜雾凉季。另外，茶园间种遮阴树可有效地截留部分太阳辐射，从而相对提高散射辐射的比例。段建真等（1992）的研究表明，通过遮阴树的拦截，到达茶树冠层的散射和反射辐射量所占的比例明显增加，其中散射辐射量会增加6%～15%，有利于茶叶品质的改善。另外有研究表明，生态茶园能显著提高生物能产出密度，提高茶叶产量，生态茶园的生物能产出密度是纯茶园的215.5%（田永辉 等，2001a，2001b）。

（2）土壤肥力与保育

国内外不少学者广泛开展了间作茶园生态效应及效益研究，认为合理间作有利于土壤团粒结构的形成，改善土壤物理状况，提高土壤养分含量，防止水土流失（张文瑞，2007）。阮红倩等（2011）对重庆市代表性生态茶园与普通茶园土壤进行调查显示，生态茶园土壤总体肥力优于普通茶园土壤，表明生态茶园能改善土壤物理性状，提高土壤肥力水平，加快系统的养分循环，且生态茶园营养成分有富集向上的趋势。林修焰（2014）对间作白三叶草的茶园土壤进行3年连续观测发现，茶园土壤养分随时间变化增幅明显，土壤流失量呈逐年降低趋势。土壤微生物和酶是评价土壤生物活性的重要指标。杨清平等（2014）研究表明，林下种茶，茶园养鸡的人工生态茶园模式有利于提高土壤中微生物的数量、微生物的活性及土壤脲酶的活性，促进土壤中的营养循环和代谢，提高土壤肥力，改善土壤结构。

（3）保护生物多样性

在茶园生态系统中，复合型茶园生态系统比纯茶园具有较高的生物多样性和较稳定的昆虫群落结构。与纯茶园相比，生态茶园具有多层次、多物种的特征，增加了生态环境的复杂性，同时扩充了立体生态位，为有益生物的保护和繁衍提供了适宜的生态条件，茶园昆虫群落多样性指数和均匀度较高，特别是对天敌群落有积极作用，有利于提高天敌的自然控制力度，抑制茶树病虫发生，降低茶园用药水平，减少环境和茶叶产品的污染（彭萍，2004）。韩宝瑜（1996）对皖南麻姑山区25年生有机茶园、无公害茶园和普通茶园的昆虫和螨类的调查发现，有机茶园12 727个个体，分属于102种57科；无公害茶园35 117个个体，分属于81种41科；普通茶园29 018个个体，分属于79种41科。陈亦根等（2004）对茶园节肢动物群落的调查也表明，复合茶园节肢动物群落比单一茶园节肢动物群落稳定。

（4）着力于固碳增汇

茶园生态系统的碳循环与森林生态系统相似，茶树通过光合作用固定大气中的CO_2合成有机物质，成为大气CO_2的库。研究表明，茶园年光合产量为37.0 t/hm²，但全年呼吸消耗的干物质达到22.4 t/hm²，实际生物产量只有14.6 t/hm²；二年生茶园年生产量为9.4～12.2 t/hm²，年净固定碳4.0～8.9 t/hm²，相当于净吸收固定CO_2的量为14.8～33.0 t/hm²（翁伯琦 等，2015）。阮建云（2010）研究表明，浙江绍兴高产茶园地上部的年生物产量约为10.0 t/hm²，如按根冠比1∶2.5估计，则茶园的年生物产量约为14.0 t/hm²，年净固定碳约为7.0 t/hm²，相当于净吸收固定CO_2的量为每年26.0 t/hm²。尽管目前国内外还缺乏生态茶园固碳能力的直接数据，但据杨如兴等（2012）的估算，如果在福建逾20万 hm²茶园的80%纯茶园中建立人工立体复合生态茶园，每年可增加生物固碳$3.88×10^5$ t以上，增加土壤有机碳储量$7.30×10^5$ t以上；通过优化施肥，有机碳储量可提高$4.70×10^5$ t。通过技术构建，相当于固定CO_2量$5.82×10^6$ t以上，增强了山地茶园的碳汇功能。

建设生态茶园的主要目的就是改善茶园的生态环境，提高茶叶产量与品质，满足人们对营养丰富、安全卫生的食品和饮料的需求。目前北美洲、欧洲等国际市场有机食品的消费量每年以20%左右的速度增长，但有机茶的销售量过低，还不到茶叶总销量的1%；随着生活水平的提高和健康意识的增强，国内的消费者也倾向于选择纯天然无污染的绿色食品，中国的茶叶生产已经从数量型向质量型转变。近年来，国内外的环保意识逐渐增强，必须考虑将生态茶园建设作为中国茶产业发展的路线，这是具有深远意义的。福建省作为我国的重要茶叶产区之一，生态茶园建设也取得了良好成效。根据福建省 10 个茶产业体系综合试验站的统计，近 5 年来共建设高效生态茶园 38.9 万亩，辐射带动全省 80 万亩（高峰 等，2014）。然而我国生态茶产业规模较小、科学技术含量低、生态产品生产环境恶化趋势明显、生态茶产品优质优价制度和市场体系还没有完全建立，这些都是新时期生态农业产业发展过程中必须重点解决的问题，也是我国茶产业可持续发展的重要内容。因此，要大力推进生态茶产业化发展，必须把茶叶的生产、加工、物流、销售、品牌等环节联结起来；必须把分散经营的农户联合起来；必须建立完善生态茶产品的质量标准，并引入产业链的全过程中。此外，生态茶园建设也是解决茶产业环境安全问题的重要措施，实现茶产业低碳化的重要途径之一。据相关资料报道，1 万 hm^2 茶园每年所释放出的氧化亚氮数量相当于 100 万 hm^2 旱地种植其他作物所释放的氧化亚氮数量。很显然，同样种植旱地作物，每公顷山地茶园所释放的氧化亚氮数量相当于其他农田作物的 100 倍（陈宗懋 等，2011）。治理茶产业环境安全问题的关键是减少化肥施用量，推行有机农业生产，实现茶产业的低碳化。通过实施以茶树种植为主体，"树林—茶树—牧草（绿肥）—畜（禽）—沼气"等模式的生态茶园建设，人为地创造多物种并存的良好生态环境，以充分利用光照、土壤、养分、水分、能量和不同类群的生物，实现茶园内物质能量的循环高效利用，使茶树生长与茶园环境改善实现统一。近年来，各地发展的"猪—沼—茶""茶—鸡—沼—茶""茶—草—畜—沼—茶"等模式，有效解决了动物粪便直接污染环境的问题，这些废弃物又是良好的肥料，能提高茶园土壤肥力和增加土壤有机碳库。这种综合发展种植业和养殖业的生态茶园模式具有较好的经济、生态和社会效益，是一种有效的低碳茶产业的生产方式。但就茶业低碳生产的实际而言，如何因地制宜地选择技术模式以提高茶园生态系统的固碳潜力尚有许多技术瓶颈亟待解决。如加强不同景观水平能流与物流的研究，将对揭示和利用生物间相互关系，建立合理生物群体结构，减少化学用品使用量产生更重要的作用。另外，生态茶园建设的标准化、规范化研究也亟待进一步加强，通过研究建立相配套的标准体系，满足生态茶产品产前、产中、产后认证与评价等多方面的绿色环保要求，促进茶产品国际贸易，显著提升我国生态茶产品国际市场竞争力。

三、新时期茶产业生态化融合发展趋势

1. 茶产业生态化融合发展的主要内涵

在我国乡村振兴建设中，茶产业一头连着千万茶农，一头连着亿万消费者，是为茶农谋利、为饮者造福的产业。茶产业可以与文旅产业发展有机融合，它是兼具社会效益、生态效益和经济效益的一个富民绿色产业，是生态优先、创新驱动、转型发展、富民强国的有效路径。据中国茶叶流通协会数据显示，2020年，中国茶叶种植面积超过4 000万亩，产量为291.8万t，占全球的45.57%，中国茶叶国内销售量达220.16万t，增幅为8.69%。国内市场是拉动中国茶业经济发展的主动力，市场潜力巨大。2021年福建省茶叶种植面积超过380万亩，茶叶产量超过42万t，是农民增收致富的重要产业。推进产业生态化和生态产业化，是深化农业供给侧结构性改革、实现高质量发展、加强生态文明建设的必然选择。2010年，有专家对中国茶园生态系统资源价值进行了估算，结果表明：我国茶园生态系统总的服务价值为1 301.74亿元，是我国茶叶直接生产值的4倍。作为一种次生形态的常绿植物群落系统，茶园在大气调节方面发挥了极显著的价值，大气调节服务价值占到茶园生态系统资源价值的50%以上，单位面积气体调节价值基本上与森林相当。其中，茶园生态系统能够贡献28.59亿元的社会保障份额；根据中国茶园总面积计算出目前中国茶园生态系统有机物年度净生产量为227.84亿kg有机碳，净第一生产力价值为53.99亿元；估算出中国茶园生态系统在陆地生态系统养分循环与贮存中的贡献为66.24亿元；我国茶区年均降水量按1 200 mm计算，初步可以估算茶园涵养水源的价值为58.67亿元；茶园的土壤保持价值以0.8的系数折算为2.11亿元；根据茶园生态系统初级生产力的估算，中国茶园生态系统大气调节价值为791.72亿元；对茶文化旅游来说，按整个森林旅游的平均收益率估计潜在旅游服务价值为6.14亿元。

实践证明，生态保护与产业发展密不可分。没有生态资源作为依托，产业发展就是无源之水；没有产业发展作为支撑，生态保护也难以持久。产业生态化与生态产业化相辅相成、和谐共赢，不仅能有效降低资源消耗和环境污染，还能提供更具竞争力的生态产品和服务，实现环保与发展双赢的目标。很显然，在新的发展时代，随着城乡居民生活水平提高，人们更加向往赏心悦目的自然景观，更加向往风

景独好的乡村田野，更加向往清新优美的山区风光。而山区茶园地处洁净之地，构建集生产、生态与生活为一体的山区生态观光茶园，将优质绿色茶叶生产与茶旅文化体验结合起来，通过茶旅文化的发掘，开拓发展观光茶业，使传统的茶叶生产单一活动转变为人们观赏与体验茶事活动的全新过程，使茶业具有生产、生态和生活的三重属性，同时将农事活动、景观欣赏、茶艺体验、旅游休闲融为一体，实现一、二产业和第三产业的跨越式对接和优势互补，可收到一举多得的良好成效。实际上，在传统的茶业生产活动中，茶园的大部分残余物几乎都进入公共领域中，重新返回大气圈和生物圈，不仅造成了严重的资源浪费，而且还造成一定范围的环境污染，茶园生产量的增长也是以资源的消耗和环境的污染为代价的。为了解决传统生产方式带来的诸多弊端，在当前山地茶业生产中，创立一种集多样功能为聚合体的新型生产模式——多样功能与生态循环茶业正日益受到人们的高度重视。山地"三生"耦合茶园运营体系优化构建，就是要促进形成生产因素互为条件、互为利用和合理循环的机制，促进形成封闭或者半封闭的生物链与产业化的生态循环系统，力求使整个茶园生产过程做到废弃物的减量化排放、资源再利用并将污染减少到最低程度；要通过废弃物循环利用，力求大幅降低农药、化肥及消耗品投入使用量，形成资源节约与环境友好生产模式及其技术体系，着力构建低投入、低消耗、低排放和清洁化、高优化、多样化的农业经营格局。山区"三生"耦合茶园实质是现代生态循环农业的升级版，是按照生态经济学基本原理，运用现代科学技术和先进经营管理经验，在传统生态茶园有效经验基础上而进一步转型升级的新体系，该复合体系的主要特征是循环经济理论与生态农业技术的有机结合体，也是推广物质多层多级循环利用技术，减少废弃物的产生，实现多样功能开发并提高资源利用效率的山地茶园绿色振兴的新途径。山区"三生"耦合茶园的规范建设，是山区现代生态循环农业集成体与升级版，其作为一种资源循环利用与生态环境友好型农作方式，不仅具有较高的社会效益与经济效益，而且具有明显的生态效益与生活趣味。只有通过不断输入先进的技术和多元化资金才能成为持续丰富信息与保持活力的耗散结构体；才能成为充满"生产、生态、生活"多样功能的系统工程，才能更好地推进山区茶园资源的高效循环利用和山地多样层次的创新开发。

2. 茶产业生态化融合发展的对策思考

一是完善茶产业振兴发展规划，优化绿色生产布局。坚持"稳定种植面积、提高三大效力"的总体发展思路，重点实施绿色振兴与科技创新战略，统筹调整区域茶业发展规划，优化绿色生产空间布局，强化优良品种与技术配套实施，着力于全面提高茶叶质量效力、产业竞争实力、持续发展能力。要结合山区发展实际，立足当地茶业资源禀赋（Liu et al.，2018）；要坚持市场需求导向，完善茶业绿色发展规划；要充分发挥山区优势，深化供给侧结构性改革；注重因地制宜统筹，扬长避短，调整茶类生产结构；注重优化时空布局，因地制宜，坚持适地适种；注重加工升级，培育品牌，实行适销适产。要因势利导适当增加乌龙茶、红茶、白茶比例，稳定茉莉花茶生产，调减绿茶份额，大力开发名优茶和特色茶。加快山区茶产业转型升级，全面推进绿色振兴，推进质量兴茶，着力品牌强茶。山地茶叶种植，作为第一产业则要突出绿色与高效，要注重建立以茶树为主的人工复合高效生态茶园（陈炜潘，2011）。

二是坚持生态保护优先原则，突出茶园循环利用。要按照生态经济与循环农业的理论构建多功能性的新型生态复合茶园（李文华，2000），坚持经济、社会、生态效益统筹兼顾，实施产业生态化与生态产业化协同并举策略（赵其国，2010），坚持优先保护区域生态原则，推进山区茶叶产业的发展与生态保护相协调。实施全面技术改造，推动转型升级，力求山地生态茶园占福建省茶园面积的80%以上，有条件的山区茶园，要率先创立与集成推广山区"三生"耦合茶园体系，充分利用山区清新茶园的优美生态与特色景观，延伸构建茶叶生产体验园地与休闲观光基地，实现茶经结合，茶旅结合，康养结合，提高品牌效应与综合效益。

三是注重良种良法有机结合，推动绿色高效生产。要加强茶树优异种质资源征集，建立种质资源圃，开展系统性的保护与挖掘利用（杨如兴 等，2015）；要进行农科教紧密结合，开展系统创新攻关，加快选育特色明显、抗性显著、品质优异的茶树新品种并实施集成推广应用。要在全省推广生态复合茶园建设与集成技术应用。鼓励茶园套种绿肥，应用冬季清园等技术措施，就地收集并增施有机肥；以优质有机肥替代化肥，有效改良土壤并培育地力，提高园地质量；推广茶园配方施肥技术，实现提质增效。全面推广茶树绿色栽培与防控病虫害技术，依靠科技创新，强化监测预警，力求实现茶园绿色防控技术实施全覆盖，确保茶叶绿色生产与产品质量安全。

四是全面推行茶叶清洁加工，提升产品绿色质量。山区"三生"耦合茶园建设与绿色茶业生产，首要重点依然是提升茶业高优生产与茶叶精深加工水平。在茶叶精品与区域品牌加工方面，要认真制定并严格执行福建省《初制茶厂清洁化生产规范》（DB35/T 1988—2021），重点组织茶叶初制加工厂智能化升级改造，按照"产地环境洁净化、加工燃料电气化、加工设备智能化、加工流程自动化"的要求，重点推广电气等能源与设备更新换代，实行生产线改造，注重机械化设备与自动化设施的应用，要按照初制加工过程茶叶不落地的要求实现智能化操作，配套标准化萎凋工艺与离地晒晾青设备，提高茶叶绿色加工的水平与效率。要鼓励大中茶叶企业，进行全程自动化与高效智能化的生产性优化改造，致力于新建、扩建标准化精制加工生产车间；结合不同县域茶叶产品的基础、潜力与竞争力进行优化布局（陈志峰 等，2017），引导山区茶叶进行系列化与多样化加工开发，提升产品质量档次与地方品牌培育。引导与鼓励茶叶龙头企业，拓展茶叶精深加工项目，提高粗茶叶与等外品附加值，挖掘茶叶全价利用效率。

五是持续推动茶叶科技创新，强化绿色产业支撑。加快茶产业绿色发展核心技术的研究攻关与集成推广。积极开展茶树优良品种选育与应用、生态复合茶园（山区"三生"耦合茶园）建设、有机肥替代化肥、茶树病虫害绿色防控、产地品质识别等关键技术攻关和成果转化。集成有机肥料、复合肥料、生物农药、物理诱捕、伏季休茶、光伏萎凋、茶叶初制、自动加工等连续生产模式，推广茶园耕作、绿色栽培、机械采摘配套技术等。推进茶业产学研协作，加快茶叶大数据的研究和应用，应用物联网技术，建设智慧茶园，茶旅观光茶园，健身康悦茶园，提升茶业多样功能开发水平与绿色发展管理能力。

六是严格实施过程质量管控，推动绿色茶业振兴。要按照实施乡村振兴与绿色发展战略要求，坚持绿色兴茶，强化效益优先；坚持标准兴茶，强化优化调控；坚持质量兴茶，强化品牌效应；坚持科技兴茶，强化持续发展。要按照农业绿色发展基本要求，全面落实茶叶生产经营主体任务与产品质量安全责任，严格执行茶叶生产过程和销售档案全程记录及其可追溯制度；依靠科技创新与集成推广，促进茶业生产由追求增产的单一目标向提质增效的总体导向转变。保障茶业绿色生产，要注重把握绿色投入品的重要关口，注重全面提升茶园投入品信息化管理水平，完善并强化全省茶业农资监管平台建设并配套智能化便捷化设备，力求提高茶业生产质量安全监测与保障能力，同时要全面推行投入品登记备案和实名购买制度，严格产品出厂检验制度，从源头上保障农资投入品质量。在示范推广基础上，总结经验与管理方法，全面实行源头赋码、标识销售。就省、市、县三级管理部门而言，加快推进茶叶生产与加工产品全程追溯体系建设是至关重要的。就质量管理部门而言，必须加大茶叶产品抽检力度，推广实施有奖举报制度，深入并有力打击违法行为，杜绝使用禁限农药。

七是培育壮大区域龙头企业，培育绿色茶业品牌。福建是茶叶生产与质量兴茶强省，先后形成了一批区域公用品牌，如安溪铁观音、武夷岩茶、福鼎与政和白茶等已闻名海内外。在新的发展时期，福建省面临着：如何发挥区域优势做强做大茶叶生产龙头企业，如何优化组建富有特色的茶产业绿色发展联盟，以期进一步增强龙头企业对全省乃至全国茶业绿色发展的示范带动与引领作用。

八是加强优惠政策引导扶持，推动绿色茶园建设。在分析国内外生态农业建设相关政策和法规的基础上，根据整体把握、系统设计，疏堵结合、奖惩有度，因地制宜、分级管理，着眼基层、重在落实的基本原则构建农业生态转型的政策法规体系（骆世明，2015）。要紧紧围绕福建绿色发展与质量兴茶的总体目标，各级政府的农业农村管理部门，要注重引领全省茶产业的绿色发展，以总体规划为依据，优化调整产业布局；以市场需求为导向，出台绿色开发政策；以优势叠加为重点，整合改造投入资金；以挖掘潜力为举措，引领三产有效融合；以示范引领为样板，全面推进绿色振兴。要积极引导金融机构落实茶叶绿色发展的扶持政策，加大信贷投放力度，推进茶叶自然灾害保险。实现山区茶业的转型升级，推进绿色发展技术改造，需要多元化投入机制创新，拓展融资与企业参与新途径，力求在全国率先开展山区"三生耦合"与"三益集成"的现代化茶园建设及其集约化推广应用，为区域生态文明建设与现代生态循环农业发展树立样板，为农业增效与农民增收及乡村振兴作出更大贡献。

振兴茶业的实践表明，新时期茶业的高质量绿色发展潜力巨大，但依然任重道远。如何实现传统产业新跨越，如何实现科技引领新突破，需要做到政策—投入—人才—科技—企业协同发力，以贯彻绿色发展理念为引领，着力"三茶"融合与协同递进；以科技创新来带动转型升级，着力解决产业与技术瓶颈；以保护良好生态环境为基础，着力构建茶业生产与经营体系；以发挥茶园多样功能为重点，着力实现生产—生活—生态效益；为乡村产业振兴与农民增收致富作出新的更大的贡献。

参考文献

车生泉，1998. 持续农业的生态学理论体系 [J]. 生态经济，75（2）：34-35.

陈红伟，汪云刚，2014. 云南省生态茶园建设现状及发展方向 [J]. 湖南农业科学（12）：62-65.

陈炜潘，2011. 山区建设高质量生态茶园的方法和步骤 ［J］. 中国园艺文摘，27（3）：190-191.

陈文祥，游文芝，陈明华，等，2006. 福建省茶园水土流失现状及防治对策 ［J］. 亚热带水土保持，18（4）：22-25.

陈亦根，熊锦君，黄明度，等，2004. 茶园节肢动物类群多样性和稳定性研究 ［J］. 应用生态学报，15（5）：875-878.

陈志峰，张伟利，严小燕，等，2017. 福建省县域茶叶产业竞争力分析与优化 布局 ［J］. 经济地理，37（12）：145-152.

陈宗懋，孙晓玲，金珊，2011. 茶叶科技创新与茶产业可持续发展 ［J］. 茶叶 科学，31（5）：463-472.

段建真，郭素英，1992. 遮荫与覆盖对茶园生态环境的影响 ［J］. 安徽农学院 学报，19（3）：189-195.

福建省地方志编纂委员会，1977. 福建省志：农业志 ［M］. 北京：中国社会科 学出版社：126-127.

高峰，苏峰，刘琳燕，2014. 福建省现代茶产业技术体系建设实践与思考 ［J］. 中国茶叶（3）：8-11.

韩宝瑜，1996. 皖南低产茶园节肢动物和虫生真菌群落结构及动态 ［J］. 贵州 茶叶（3）：20-23.

李文华，2000. 可持续发展的生态学思考 ［J］. 四川师范学院学报（自然科学 版），21（3）：215-220.

林修焰，2014. 亚热带红壤山地茶园间作白三叶草的水土保持效应 ［J］. 亚热 带水土保持，26（1）：5-8.

骆世明，2015. 构建我国农业生态转型的政策法规体系 ［J］. 生态学报，35 （6）：2020-2027.

彭萍，蒋光藻，侯渝嘉，等，2004. 不同类型生态茶园昆虫群落多样性 ［J］. 西南农业学报，17（2）：197-199.

阮浩耕，沈冬梅，于良子，1999. 中国古代茶叶全书 ［M］. 杭州：浙江摄影出 版社：276.

阮红倩，庞晓莉，龙宝玲，等，2011. 重庆市生态茶园土壤养分调查与分析 ［J］. 现代农业科技（13）：266-268.

阮建云，2010. 茶园生态系统固碳潜力及低碳茶叶生产技术 ［J］. 中国茶叶，

32（7）：6-9.

宋清海，毛加梅，赵俊福，等，2014. 生态茶园不同套种模式光合有效辐射特征［J］. 云南大学学报（自然科学版），36（1）：144-148.

田永辉，梁远发，王国华，等，2001a. 人工生态茶园生态效应研究［J］. 茶叶科学，21（2）：170-174.

田永辉，梁远发，王国华，等，2001b. 人工生态茶园光效能研究［J］. 中国农学通报，17（4）：25-27.

翁伯琦，王义祥，钟珍梅，2015. 山地生态茶园复合栽培技术的研究与展望［J］. 茶叶学报，56（3）：133-138.

吴秉礼，李福林，1993. 对生态林业的初步探讨［J］. 林业科学，29（2）：152-156.

杨清平，毛清黎，杨新河，2014. 不同生态茶园土壤微生物及脲酶活性研究［J］. 湖北大学学报（自然科学版），36（4）：300-306.

杨如兴，江福英，吴志丹，等，2012. 提高福建茶园生态系统固碳潜力的技术构建模式［J］. 福建农业学报，27（6）：630-634.

杨如兴，尤志明，何孝延，等，2015. 福建原生茶树种质资源的保护与创新利用［J］. 茶叶学报，56（3）：126-132.

张文瑞，2007. 豆科牧草圆叶决明在闽江下游两岸红壤山地橄榄园的应用初探［J］. 亚热带水土保持，19（3）：11-13.

赵其国，2010. 生态高值农业是我国农业发展的战略方向［J］. 土壤，42（6）：857-862.

朱海燕，刘德华，刘仲华，2007. 中国古典茶诗的特点及其开发利用价值［J］. 湖南农业大学学报（社会科学版），8（4）：87-90.

朱晓雯，2014. 我国生态茶园的建设研究［J］. 农村经济与科技，25（5）：56-58.

LIU H C, FAN J, ZENG Y X, et al., 2018. The evolution of tea spatial agglomeration in China：An analysis based on different geographical scales［J］. Journal of Mountain Science，15（12）：2590-2602.

第一章　茶园现状与生态环境问题

茶树（*Camellia sinensis*）是山茶科山茶属的多年生常绿木本植物。按树干大小可分为乔木型、小乔木型和灌木型 3 种类型。乔木型茶树是比较原始的茶树类型，一般分布在与茶树原产地自然条件较接近的自然区域；小乔木型茶树属于进化类型的茶树，抗逆性较乔木型强，一般分布于亚热带或热带茶区；灌木型茶树主要分布于亚热带茶区，我国大多数的茶区均有分布，包括的品种也最多。大部分茶树都适宜在土层厚达 1 m 以上，不含石灰石，排水良好的砂质壤土，有机质含量 1%～2%，通气性、透水性或蓄水性能好，酸碱度 pH 值 4.5～6.5 的土壤环境中生长。

21 世纪以来，我国茶园面积和茶叶产量逐年增加（图 1-1）。据统计，2021 年全国茶园面积达到 318.7 万 hm²，较 2000 年增加 1.93 倍；茶叶产量 308 万 t，较 2000 年增加 3.5 倍；茶叶内销量 230 万 t，较 2000 年增加 4.02 倍；茶叶出口量 36.9 万 t，较 2000 年增加 0.61 倍。茶园种植面积和茶叶产量雄踞全球首位。

21 世纪以来，茶类结构有所变化，但基本格局未变，绿茶仍是主导产品。随着总产量的增加，各类茶叶产量均有所增加，绿茶从 2000 年的 49.8 万 t 增加到 2021 年的 207 万 t，增加 157.2 万 t，占比从 72.8% 减少到 67.2%；红茶从 4.7 万 t 增加到 43 万 t，增加 38.3 万 t，占比从 6.9% 增加至 14.0%；乌龙茶从 6.8 万 t 增加到 26.5 万 t，增加 19.7 万 t，占比从 9.9% 减少到 8.6%；黑茶从 5.8 万 t 增加到 22.5 万 t，增加 16.7 万 t，占比从 8.5% 减少到 7.3%；白茶占比从 1.8% 增加到 2.5%；黄茶占比从 0.1% 增加到 0.4%（图 1-2）。

我国是世界上主要茶叶生产国、出口国。近年来，国内茶叶生产不断得到重视，各产茶省都把茶叶生产作为农业产业结构调整的重点项目加以发展。在国内，茶叶除了供人们直接饮用、外销出口外，还可以用于提取茶叶中的有用物质，即进行茶叶深加工，将茶叶制成饮料更是近年来茶叶加工的方向，茶饮料销售产值近 100 亿元。此外，还有茶行业的附属产业如茶具的生产、茶叶机械、茶叶包装、茶

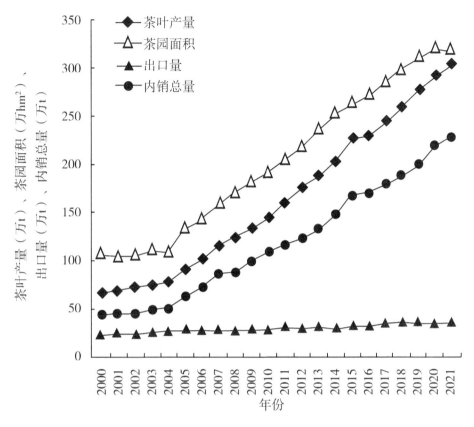

图1-1　2000—2021年我国茶叶产销情况

（数据来源：中国统计年鉴、农业农村部种植业管理司、中国茶叶流通协会）

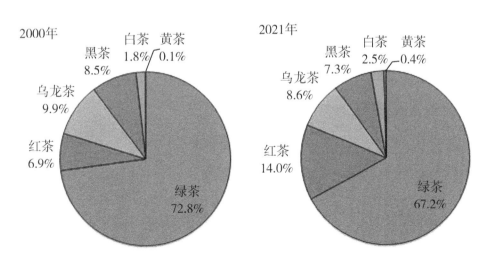

图1-2　2000年和2021年各类茶产量占比

叶保健业、茶叶食品业、茶叶旅游业、茶叶文化业等，整个茶产业所带来的产值初步估计可达6 000亿元，占国内生产总值的7%左右，在整个国民经济中占有举足轻重的作用。

在经济利益驱动下，部分茶区出现毁林开荒、过度开垦茶园的现象，对生态环境造成了巨大破坏，导致了环境资源的不可持续利用。另外，由于茶树是叶用型植物，对氮肥的需求比其他大多数作物要高很多，为追求经济利益，在茶园大量施用氮肥、少施有机肥、忽视其他元素平衡配施的现象长期存在，是导致茶园土壤酸化严重以及养分非均衡退化的重要原因之一。根据国家茶叶产业技术体系宁德、泉州、南平综合试验站对福建省闽南、闽北、闽东15个重点产茶县269个调查样品（茶园面积3 133.33 hm^2）的茶园肥料施用现状的抽样调查，茶园总施肥量平均值为698.9 kg/hm^2，其中化肥施用量平均值526.1 kg/hm^2；全省高于75%的茶园仅施用化肥，配施有机肥的茶园面积比例不足25%（尤志明 等，2017）。此外，由于茶树自身喜酸富铝的生物学特性以及茶园土壤生境的特殊性，茶园正面临着土壤侵蚀、酸化、养分贫瘠化和不均衡退化等各种环境问题（廖万有 等，2009）。

第一节　茶园分布与土壤退化

一、茶园面积与分布

1. 世界茶园面积与分布

目前，世界上有超过50个国家和地区种植茶叶，种植区域主要集中在亚洲、非洲和拉丁美洲。2020年，中国、印度和肯尼亚的茶叶种植面积及产量均位居世界前三位，种植面积分别为316.7万 hm^2、63.7万 hm^{2}和26.9万 hm^2，占全球茶叶种植面积的比重分别为62.1%、12.5%和5.3%；产量分别为297.0万 t、125.8万 t 和57.0万 t，占全球茶叶产量的比重分别为47.6%、20.1%和9.1%。茶叶种植面积和产量位居世界前十位的具体情况见图1-3。

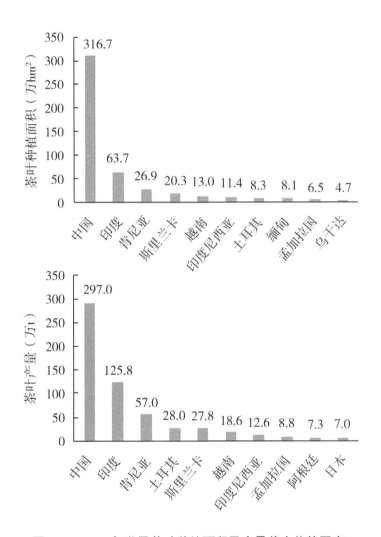

图 1-3 2020 年世界茶叶种植面积及产量前十位的国家

（数据来源：国际茶叶委员会）

2. 中国茶园面积与分布

中国茶区分布辽阔，东起台湾省东部海岸（东经 122°），西至西藏自治区易贡（东经 95°），南自海南省榆林（北纬 18°），北到山东省荣成（北纬 37°），共有浙江、湖南、湖北、安徽、四川、重庆、福建、云南、广东、广西、贵州、江苏、上海、江西、陕西、河南、台湾、山东、西藏、甘肃、海南等 21 个省（区、市）的上千个县市。地跨中热带、边缘热带、南亚热带、中亚热带、北亚热带和暖温带。在垂直分布上，茶树最高种植在海拔 2 600 m 高地上，而最低仅距海平面几十米或百米。在不同地区，生长着不同类型和不同品种的茶树，从而决定着茶叶的品质及其适制性和适应性，形成了一定的茶类结构。

据中国茶叶流通协会统计，2022 年全国茶园面积达 333.03 万 hm^2，超过 20 万 hm^2 的省份有云南、四川、贵州、湖北、福建、湖南、浙江和安徽；2022 年全国干毛茶总产量 318.10 万 t，超过 20 万 t 的省份有云南、四川、贵州、湖北、福建和湖南（图 1-4）。

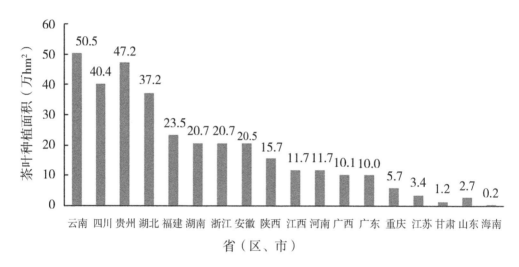

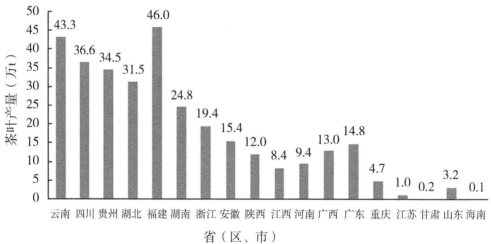

图 1-4　2022 年全国茶叶种植面积和干毛茶产量

（数据来源：中国茶叶流通协会）

3. 福建省茶园面积与分布

福建地处我国东南沿海，属亚热带季风性湿润气候，年平均气温为 17～21 ℃，年平均降水量 1 400～2 000 mm，地形以丘陵山地为主，排水条件好，典型土壤为酸性红壤，土层深厚。因此，福建大部分地区的环境条件均适宜茶树生长。福建省是茶树品种大省，素有"茶树品种宝库"之称。目前，福建省拥有国家级茶树良种 26 个、省级良种 18 个，无性系良种推广面积达 96% 以上，远高于全国 56% 的平均水平。2021 年，全省茶园面积 23.21 万 hm²，毛茶产量 48.79 万 t，其中，乌龙茶、绿茶、红茶分别占到 51.4%、25.6% 和 11.7%（图 1-5）。涉茶县共 71 个，其中有 27 个县茶园面积达 2 000 hm² 以上。

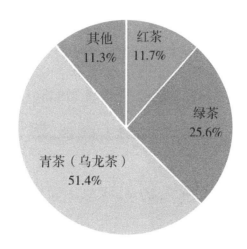

图 1-5　2021 年福建省各类茶产量占比

（数据来源：福建省统计年鉴）

据统计，福建省各地市中宁德市茶叶产量最高，泉州、南平、漳州次之。2021 年宁德市、泉州市、南平市、漳州市的茶叶产量分别为 11.8 万 t、9.4 万 t、8.4 万 t、6.2 万 t，分别占福建省茶叶总产量的 24.2%、19.2%、17.2%、12.8%（图 1-6）。

迄今，福建省各县、市、区中均有产茶，且形成了闽南乌龙茶区、闽北乌龙茶区、闽东红绿茶区、多茶类区、花茶区和白茶区的优势区域格局（表 1-1），产有青茶、绿茶、红茶、白茶 4 个茶类和茉莉花茶，安溪铁观音、黄金桂、永春佛手、平和白芽奇兰、武夷大红袍、肉桂、水仙、建瓯矮脚乌龙、宁德天山绿茶、金闽

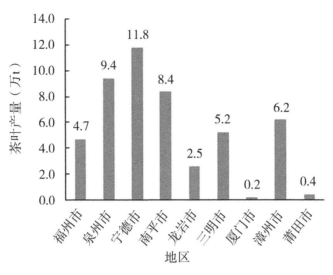

图1-6 2021年福建省各地区茶叶产量

（数据来源：福建省统计年鉴）

红、福安坦洋工夫红茶和福鼎白茶等名优茶誉满海内外。

表1-1 福建省主要产茶区

茶区	产区分布
闽南乌龙茶区	安溪、永春、南安、华安、平和、南靖、诏安、长泰、谭平
闽北乌龙茶区	武夷山、建瓯、建阳、邵武
闽东红绿茶区	宁德市所属9个县（市、区）和罗源、松溪、政和
多茶类区	大田、永安、尤溪、沙县、明溪
花茶区	福州辖区、政和
白茶区	福鼎、政和、建阳

二、茶园土壤退化及其原因

茶园土壤退化是在土壤侵蚀等自然因素和茶园耕作管理等人为因素综合作用下，土壤结构破坏、土壤养分贫瘠化、茶树环境调控能力衰退或完全丧失的一种生态过程，主要表现为侵蚀退化、养分退化和土壤酸化等。

1. 自然因素

土壤侵蚀所引起的土壤退化面积广、危害重，是引起土壤退化最普遍和最重要的因素。据统计，我国东南红壤丘陵 9 省（区）每年约有 7 亿 t 的表土、16 万 t 的有机质和 18 万 t 的矿质养分因为土壤侵蚀而损失，是仅次于黄土高原的严重水土流失区（张学雷 等，2003）。由于我国茶园大多数分布于南方红黄壤区域的坡地，因此土壤侵蚀是茶园中分布最广的土壤退化类型，茶园土壤侵蚀导致富含有机质和各种营养元素的表层土壤流失或变薄，引发土壤物理、化学性状的恶化以及土壤养分衰竭。土壤侵蚀是造成茶园土壤土层浅薄化、肥力下降的主要原因。陈文祥等（2006）研究发现，福建省茶园水土流失面积高达 6.35 万 hm^2，近一半的茶园存在着水土流失。

2. 人为因素

施肥是直接影响茶园土壤酸化和养分非均衡性退化的首要因素。由于茶园一般分布的地形部位较高，有机肥料难以得到保证，为获得较大的茶叶产出，重化学氮肥、轻有机肥的做法是导致目前我国茶园土壤酸化加剧和养分非均衡性退化的一个重要原因。人为的长期大量施用生理酸性氮肥加速了土壤的酸化，使土壤中交换性铝含量和铝饱和度上升。另外，由于长期仅注重氮肥的施用，忽视其他元素的平衡配施，极易造成茶园土壤养分的失衡，特别是随着茶园生产力的提高，某些元素输入和输出的相对数量差异越来越大，只能通过降低茶园土壤的库容来维持新的平衡，最终将加速土壤的酸化以及养分的非均衡性退化。

3. 连作因素

土壤发生生物退化的实质是作物的连茬或多年生种植易引起土壤微观生态系统发生异常变化：土壤中的微生物区系异常和化学物质异常，并且随着种植年限增加，退化现象加重。茶树为富酚、铝植物，富含多酚和铝的茶树落叶，能抑制土壤微生物和土壤酶的活性，同时，根系分泌的有机物因多年生的定植及翻耕条件受限造成分布不均，使得茶园土壤中微生物区系及其种群分布异常，其中部分真菌类有害微生物向土壤中分泌的有害代谢产物对茶树—土壤系统的物质循环产生负效应。大量研究表明，随着植茶年限增加，茶园土壤中微生物多样性降低，细菌、放线菌

23

数量下降而真菌数量增加（林生 等，2013）。

第二节　茶园土壤养分退化

一、茶园土壤肥力退化

茶园土壤肥力退化，主要表现是土壤养分退化（包括任何导致养分数量减少或有效性下降的过程），其实质是土壤养分在消耗和投入过程之间的失衡（廖万有等，2009）。茶园土壤养分退化可归纳为三大类型：数量性退化、有效性退化和生物消耗性退化。所谓数量性退化是指土壤养分在数量上的减少，如土壤侵蚀、养分淋失、氮素养分的气态损失等。有效性退化是指土壤实际供应作物的有效养分减少，如茶园中磷素的固定。生物消耗性退化，主要是指由于生物对土壤中养分的吸收（移走）而造成的土壤中养分的减少。这些退化在不同类型的生态系统中强度有所不同。在茶园肥力退化成因方面，一般认为土壤侵蚀、酸化、养分淋失等造成的养分赤字循环及养分的不平衡是茶园土壤肥力退化的根本原因，不合理的施肥比例又加剧了土壤肥力衰减的过程。

二、福建茶园土壤养分概况

土壤有机质是土壤肥力的基础，是衡量土壤肥力的重要指标之一。土壤有机质等养分含量与茶园生产力密切相关，高产茶园土壤有机质、全氮、速效氮、磷、钾、镁、硫等的含量普遍高于中产茶园，而中产茶园又明显高于低产茶园。依据《茶叶产地环境技术条件》（NY/T 853—2004），可以将茶园土壤的肥力划分为三级，Ⅰ级表示肥力优良、Ⅱ级表示肥力尚可、Ⅲ级表示肥力较差；依据优质、高效、高产茶园土壤营养诊断指标（韩文炎 等，2002），将茶园土壤微量元素的丰缺分为三级，Ⅰ级表示元素过量、Ⅱ级表示元素适中、Ⅲ级表示元素缺乏；将茶园土壤pH值分为三级，Ⅰ级表示酸化、Ⅱ级表示适中、Ⅲ级表示不适宜，分级的依据见表1-2。

表 1-2　茶园土壤肥力评价标准

序号	评价项目	肥力指标			单位	评级标准来源
		Ⅰ级	Ⅱ级	Ⅲ级		
1	有机质	>15	10~15	<10	g/kg	
2	全氮	>1.0	0.8~1.0	<0.8	g/kg	
3	全磷	>0.6	0.4~0.6	<0.4	g/kg	《茶叶产地环境技术条件》（NY/T 853—2004）
4	全钾	>10	5~10	<5	g/kg	
5	碱解氮	>100	50~100	<50	mg/kg	
6	有效磷	>10	5~10	<5	mg/kg	
7	有效钾	>120	80~120	<80	mg/kg	
序号	评价项目	丰缺指标			单位	评价标准来源
		Ⅰ级	Ⅱ级	Ⅲ级		
8	有效铜	>2	1~2	<1	mg/kg	优质、高效、高产茶园土壤指标（韩文炎 等，2002）
9	有效锌	>2	0.5~2.0	<0.5	mg/kg	
10	有效锰	>30	15~30	<15	mg/kg	
序号	评价项目	土壤酸度指标			单位	评价标准来源
		Ⅰ级	Ⅱ级	Ⅲ级		
11	pH 值	<4.5	4.5~5.5	>5.5		优质、高效、高产茶园土壤指标

为了解福建省茶园土壤肥力状况及土壤养分限制因子，以《土壤环境监测技术规范》HJ/T 166—2004 为依据，按照福建茶园实际分布情况和面积大小，2010 年对福建省南平、三明、宁德、龙岩、漳州、福州、泉州、莆田的 8 个设区市的 32 个主要产茶区 107 个典型茶园进行土壤取样调查并得到以下结果。

1. 茶园土壤酸度

福建省茶园土壤酸化严重。在所调查的茶园中，土壤 pH 值最小值为 3.30，最大值为 6.84，变异系数为 10.5%，说明整体变异性较小（表 1-3）。茶园土壤 pH 值主要集中在 4.00~4.50，茶园 pH 值低于 4.50 的酸化茶园占 96.9%，其中 pH 值低于 4.00 的严重酸化茶园占 28%，pH 值高于 5.50 的占 2.8%，个别茶园土壤 pH

值高于 6.50，pH 值为 4.50～5.50，符合优质高效高产条件的茶园仅占 10.3%。

表 1-3　福建省茶园土壤养分分级

评价项目	最小值	最大值	平均值	变异系数（%）	等级分布（%）		
					Ⅰ级	Ⅱ级	Ⅲ级
有机质（g/kg）	3.89	41.9	18.8	42.8	64.5	24.3	11.2
全氮（g/kg）	0.29	3.58	0.85	44.6	35.5	24.3	40.2
全磷（g/kg）	34.0	1 706.0	271.0	79.1	19.6	15.9	64.5
全钾（g/kg）	1.10	31.20	6.96	70.8	30.8	41.1	28.1
碱解氮（mg/kg）	33.5	521.0	96.2	60.5	48.6	46.7	4.7
有效磷（mg/kg）	1.20	56.1	9.23	95.5	49.5	15.0	35.5
有效钾（mg/kg）	2.96	233.0	43.2	73.2	6.5	19.6	73.9
有效铜（mg/kg）	0.22	5.57	0.779	90.0	12.3	21.7	66.0
有效锌（mg/kg）	0.16	16.0	0.548	66.6	48.1	43.4	8.5
有效锰（mg/kg）	0.83	77.9	9.16	95.3	17.9	26.4	55.7
pH 值	3.30	6.84	—	10.5	86.9	10.3	2.8

2. 茶园土壤有机质状况

福建省茶园土壤有机质整体水平较丰富。茶园土壤有机质含量范围在 3.89～41.9 g/kg，平均值 18.8 g/kg，变异系数为 42.8%，不同茶园土壤有机质含量差异较大。64.5% 的茶园土壤有机质含量丰富，达到Ⅰ级茶园标准，24.3% 的茶园土壤有机质含量尚可，符合Ⅱ级茶园标准，另外 11.2% 的茶园土壤有机质低于临界值。有机质平均含量接近全国茶园平均值，略高于湖北省、四川省茶园的平均值（韩文炎 等，2004）。

3. 茶园氮磷钾元素状况

从土壤样品测试结果可知，茶园土壤氮的供应能力较好。土壤碱解氮含量较高，含量范围在 33.5～521 mg/kg，平均含量 96.2 mg/kg，变异系数为 60.5%，不同茶园土壤碱解氮含量差异较大，48.6% 的茶园土壤碱解氮达到Ⅰ级茶园标准，46.7% 的茶园土壤碱解氮达到Ⅱ级茶园标准，土壤碱解氮含量低于 50 mg/kg 的茶园只占 4.7%（表 1-3）。全氮含量中等偏上，含量范围在 0.29～3.58 g/kg，平均含量 0.85 g/kg，变异系数为 44.6%，35.5% 的茶园土壤全氮含量达到Ⅰ级茶园标准，

24.3%的茶园符合Ⅱ级茶园标准，40.2%的茶园土壤全氮含量低于临界值 0.8 g/kg。茶园碱解氮平均含量高于全国水平（韩文炎 等，2004）。郑丽燕等（2009）研究发现，铁观音茶叶中的氮含量与土壤中碱解氮含量无显著相关关系，碱解氮过量不仅不能增产，还会导致土壤酸化。

土壤供磷水平的主要指标是有效磷，茶园土壤有效磷含量范围在 1.20～56.1 mg/kg，平均值 9.23 mg/kg，变异系数达 95.5%，不同茶园之间差异大，平均数的代表性较差。49.5的茶园土壤有效磷含量达到Ⅰ级茶园标准，15.0%的茶园土壤有效磷含量达Ⅱ级标准，35.5%的土壤有效磷低于临界值。茶园土壤全磷含量偏低，变化范围在 34.0～1 706.0 g/kg，不同茶园之间差异较大，变异系数达79.1%，19.6%的土壤全磷含量达Ⅰ级茶园标准，15.9%的土壤全磷含量达Ⅱ级茶园标准，64.5%的土壤全磷含量低于临界值。有效磷平均含量高于全国水平（韩文炎 等，2004）。在施足氮肥的基础上，施磷对茶树增产效果明显，但施磷会促进茶树的生殖生长，使开花结果数增加，加大了对养分的消耗。因此，福建省茶园土壤有效磷含量中等，应适当控制茶园磷肥的施用量。

茶园土壤全钾中等偏上，变化范围在 1.10～31.20 g/kg，平均值为 6.96 g/kg，变异系数为 70.8%。30.8%的茶园土壤全钾含量达Ⅰ级茶园标准，41.1%的茶园土壤全钾含量达Ⅱ级茶园标准，28.1%的茶园土壤全钾含量低于临界值。土壤有效钾含量在2.96～233 mg/kg，平均值为 43.2 mg/kg，变异系数为 73.2%。土壤速效钾含量达到Ⅰ级茶园标准的仅有 6.5%，含量在Ⅱ级水平的茶园占 19.6%，低于临界值的茶园较多，占总量的 73.9%，表明茶园土壤有效钾亏缺严重。由于钾在抵抗病毒方面具有十分重要的作用，因此，茶园缺钾应大量补充。据报道，日本茶园有效钾含量一般在200 mg/kg 以上，东非和肯尼亚为 163～823 mg/kg，平均达 411 mg/kg，可以基本不用钾肥，我国茶区自北而南有效钾含量呈逐渐降低的趋势（韩文炎 等，2004），从总体上讲，南方茶区应特别重视钾肥的使用，对于土壤 pH 值较低的茶园，一般需进行改良，以施用白云石粉等降低土壤的酸度，提高施钾的效果。

4. 茶园土壤微量元素状况

茶园土壤有效锌供应较充足，48.1%的茶园土壤有效锌含量达Ⅰ级茶园标准，43.4%的茶园有效锌含量达Ⅱ级茶园标准，仅有 8.5%的茶园有效锌含量低于临界值。而有效锰、有效铜含量偏低，分别有 55.7%和 66.0%的茶园有效锰和有效铜低于临界值。微量元素铜、锰、锌是茶树正常生长的必需元素，虽然茶树对其需求量较少，但它们的功能却是不可代替的。微量元素如有效锰对人体健康有着积极的作用（黄永光等，1991），马立锋等（2006）研究发现，浙江省有超过30%的茶园缺锰，福建省茶园缺锰较浙江省严重。由于茶园土壤酸性强，导致土壤中金属元素的淋溶损失，因此，在补充锰、铜等微量元素的同时，考虑混施石灰、白云石粉等措施。

许多学者也对福建省茶园土壤养分情况进行了调查研究。江福英等（2012）对闽东地区70个茶园土壤样本调查发现，闽东地区茶园土壤有机质和全氮含量平均值都比较高，分别达到了22.7 g/kg和1.5 g/kg，有效磷和速效钾分别为20.29 g/kg和42.58 g/kg，有效磷丰富，速效钾明显亏缺，闽东地区茶园土壤整体肥力质量属于中上水平的占60%。

根据国家茶叶产业技术体系宁德、泉州、南平综合试验站对福建省主要产茶区茶园土壤理化性质的普查结果，福建省茶园土壤有机质和总氮总体上较为丰富，各茶叶主产县土壤有机质含量平均值均大于20 g/kg，全氮含量平均值均大于1.2 g/kg，都高于茶叶产地土壤地力I级指标（有机质＞15 g/kg，全氮＞1 g/kg）；土壤有效磷总体较为丰富，除福鼎市茶园土壤有效磷平均值低于茶园土壤养分丰缺指标临界值（19 mg/kg），其他茶区平均值均高于19 mg/kg；速效钾含量在茶区上分布不均，表现为闽东茶区低于茶园土壤养分丰缺指标临界值（100 mg/kg），而闽北茶区、闽南茶区及闽西茶区土壤平均有效钾含量高于100 mg/kg（尤志明 等，2017）。

伊晓云（2021）调查发现，福建省茶园土壤有机质含量为5.59～74.1 g/kg（平均值22.7 g/kg），有机质含量为10～20 g/kg的茶园比例最高（约占40%），土壤有机质超过30 g/kg的茶园不足20%。

总体看来，福建省茶园土壤养分中有机质和全氮整体水平较为丰富；有效磷也较为丰富，速效钾亏缺严重，不同茶园之间差异较大。因此，福建省茶园施肥的原则是在保障茶叶产量和品质的前提下，增施有机肥，减少化学氮肥施用，重视磷肥、钾肥的投入。

第三节 茶园土壤酸化与危害

一、茶园土壤酸化现状

土壤酸化是土壤性质逐渐向酸性发展的过程。土壤通过各种途径接受了游离态氢离子（H^+）或铝离子（Al^{3+}），造成土壤中钙、镁、钾等盐基离子淋失严重，最终导致土壤 pH 值降低，形成酸性土壤。一般认为，茶树对土壤 pH 值的要求以 4.5～5.5 为最好，土壤 pH 值＜4.5 属于不适宜茶树生长的强酸性土壤。韩文炎等（2002）依据优质、高效、高产茶园土壤指标，将茶园土壤 pH 值分为三级，Ⅰ级表示酸化（pH 值＜4.5）、Ⅱ级表示适中（4.5＜pH 值＜5.5）、Ⅲ级表示不适宜（pH 值＞5.5）。

我国作为茶树发源地，面临的茶园土壤酸化问题较为严重。根据相关研究显示（Yan et al.，2020），全国茶园土壤 pH 值平均为 4.68，福建省茶园土壤平均 pH 值为 4.04，低于除江西省（pH 值为 3.96）外的所有省份。全国总体来说，43.9% 的土壤样品的 pH 值＜4.5，有 46.0% 的土壤 pH 值处于 4.5～5.5 范围内；福建省而言，84.0% 的土壤样品的 pH 值＜4.5（对茶树的生长极为不利），仅有 16.0% 的土壤 pH 值处于 4.5～5.5 范围内（对茶树生长较为理想）。

吴志丹等（2017）通过调查福建省闽南茶区（安溪县）、闽西茶区（大田县）、闽东茶区（福鼎市、福安市、蕉城区及周宁县）及闽北茶区（武夷山市、松溪县）413 个茶园样地 826 个土层的土壤 pH 值发现，福建省茶园 0～20 cm 土层土壤平均 pH 值为 4.31，20～40 cm 土层为 4.33，茶园土壤酸化严重；在茶区分布上，酸化程度表现为闽南茶区＞闽西茶区＞闽东茶区＞闽北茶区；总体上，福建省茶园 0～20 cm 土层土壤 pH 值 ≤ 4.5 的占 76.03%（样点比例），20～40 cm 土层占 64.65%，说明福建省茶园土壤酸化具有普遍性。此外，根据安溪县 2008—2010 年采集的 5 285 个代表性耕层土壤样品分析发现，安溪县茶园土壤 pH 值平均为 4.28，pH 值＜4.0 的样点占 28.38%，仅有 28.19% 的样点属于适宜水平（pH 值 4.5～5.5），酸化情况严重；安溪县茶园土壤平均酸化速率为每年 0.09 个 pH 单位，酸化速率明显高于其他作物类型土壤（杨文俪，2021）。

二、土壤酸化对茶树生长的危害

茶园土壤酸化对茶树产生的危害主要表现在以下几个方面（杨向德 等，2015）。①茶园土壤酸化后，土壤盐基饱和度降低，铝、铁、锰的溶解度增大，甚至产生毒害，而且铝离子、锰离子可使有效态磷转变为不可溶性的盐类，降低磷的有效性；随着 pH 值降低，氮、磷、钾、钙、镁、硫等养分的有效性降低，从而影响了茶树对养分的吸收；②土壤酸化使土壤腐殖质多转变为可溶性的腐殖酸，易于淋失，含量低，又缺乏钙素，同时由于土壤胶体吸附了较多的氢离子，使得土壤难以形成良好的团粒结构，土壤透水性和通气性变差，土壤物理性状恶化，影响茶树生长；③土壤酸化影响土壤中微生物的生长繁殖，导致微生物种类和数量减少，微生物活性降低，最终影响土壤养分转化和根系的养分吸收；④土壤酸化会增强茶园土壤中 Pb、Cu 等重金属的活性，增加重金属向茶叶中转移的风险。

三、茶园土壤酸化的原因

施肥是直接影响茶园土壤酸度的首要因素。茶树作为叶用作物，对氮肥的需求比其他大多数作物要高很多，因此需要向茶园中投入大量的氮肥以保证茶树高产。土壤施用氮肥后，硝化作用释放质子是引起土壤酸化的主要机制，每年向 1 hm² 土壤中施入 500 kg 的氮会产生 32.5 kmol 的 H^+，这是施氮肥对土壤酸化的直接作用（徐仁扣，2015；杨向德 等，2015）。另外，过量的氮肥投入在增加产量的同时将带走更多的盐基离子，留下更多的 H^+，加速了土壤酸化，这是施氮肥导致土壤酸化的间接原因（杨向德 等，2015）。不同氮肥对茶园土壤酸化的影响程度不同，以硫酸铵的酸化能力最强，尿素虽然是中性肥，其在土壤中很快氨化继而又被硝化后，也能酸化土壤，但酸化强度大大低于生理酸性肥料（廖万有，1998）。

其次是茶树自身的物质循环和根系分泌物对土壤酸化的作用。由于茶树的喜铵性和富铝特性，其对铵离子和铝离子的大量吸收可能导致根系释放大量质子引起酸化；因茶树是"嫌钙"作物，碳代谢过程中所产生的多余有机酸不易用钙中和，而是通过根系的分泌物排出，因此，茶树根系分泌的有机酸比其他作物要高出 8 倍多。茶树是多年生常绿作物，根系代谢作用强烈，而茶园土壤翻耕条件差，因此，根系分泌物容易积累而酸化土壤。

另外，茶园土壤酸化也受成土因素、降水、酸沉降等的影响。

第四节　茶园土壤生物退化与表现

一、土壤生物退化概念

土壤生物退化是指由连茬种植的农作物和土壤微生物共同导致的一种土壤生物

障碍。具体表现为：在同一块地连续多年种植同一种作物会导致该作物产量和品质的下降，病虫害加重，连茬作物生产力下降或绝收，而改种其他作物却能够正常生长。所以，由连茬种植的农作物和土壤微生物共同引起的土壤生物退化是土壤的相对退化，不同于由土壤盐碱化、土壤侵蚀、土壤荒漠化及土壤沙化引起的任何作物均不能生长的绝对退化。由于土壤生物退化仅抑制连茬作物，对其他作物无影响或影响不大，故长期以来并未引起研究者高度关注。

二、土壤生物退化发生的原因及其实质

土壤发生生物退化的主导因素是生物，包括连茬种植的农作物和在作物根区、根表土壤中生长的大量土壤微生物。由于土壤生物退化是由生物连作引起的，故该退化也被称作土壤连作障碍（Succession cropping obstacle）、再植病害或连茬病害。该退化的实质是农作物连茬种植引起土壤微观生态系统发生了两个方面的异常变化：土壤中的微生物区系异常和化学物质异常。土壤中微生物区系异常主要指作物根区、根表土壤中病原菌数量大幅度增加，达到或超过发病阈值，有益微生物数量下降，土壤原有的微生物生态平衡遭到破坏，导致作物土传病害发生，其原因在于作物根系分泌物和根系的生理生化活动。土壤化学物质异常包括四个方面：一是农作物在其生长过程中通过根系、叶片等器官将其产生的某些代谢产物通过不同途径释放到土壤中，其中的根系分泌物起主要作用；二是土壤中的有害微生物向土壤中分泌有害代谢产物；三是作物在生长过程中对某种营养元素的偏好吸收导致营养平衡失调，某种元素亏缺；四是作物残体腐解后向土壤中释放有害成分。所以，引起土壤化学成分异常的因素与在土壤中连茬生长的作物和土壤微生物密切相关。

三、茶园土壤生物退化表现

茶树为富铝、富酚植物，其修剪的茶枝、落叶会抑制土壤微生物和土壤酶的活性。另外，根系分泌物因多年生的定植及耕翻条件受限造成分布不均，使得茶园土壤微生物区系发生变化，特别是部分真菌类有害微生物向土壤中分泌有害代谢物对茶树—土壤系统的物质循环产生负效应。薛冬等（2005）对浙江省两个典型茶区的研究发现，高龄茶园的土壤微生物量都很低，表明长期植茶形成的独特

生态环境对微生物有抑制作用。自然土壤植茶后，在土壤化学性质发生一系列变化的同时，土壤微生物量碳、基础呼吸、微生物熵、蔗糖酶、脲酶、蛋白酶和酸性磷酸酶活性等生物化学性质也随着植茶年龄的增加发生了明显变化：从 0 年茶园（荒地）、8 年茶园至 50 年茶园呈现出明显增加趋势，从 50 年茶园至 90 年茶园呈现出明显减小趋势（薛冬，2007）。胡亚林等（2006）研究表明，随着植茶年限的增加，土壤微生物多样性降低，细菌、放线菌数量下降而真菌数量增加，根际微生物区系由"细菌型"向"真菌型"转变。随着植茶年限的延长，茶园生态系统土壤食物网逐渐退化；与大粒径团聚体相比，＜0.25 mm 粒径团聚体中食物网受扰动相对较小（贾慧 等，2020）。茶树多年宿根连作后，由于土壤理化性质、微气候环境等的改变，某些有益微生物（硝化菌、固氮菌、铵化菌、根瘤菌、光合菌、放线菌、菌根真菌等）的繁殖受到抑制，有害微生物反而得到迅速繁殖，土壤微生物区系失衡，不仅会阻碍土壤中肥料的分解过程，而且伴生性和寄生性杂草危害加重、某专一性病虫害发病多、蔓延迅速且逐年加重，只能通过增施农药控制，严重污染环境，影响茶叶质量。土壤生物退化的防治难度较大，因此，只有恢复或改善茶树根区微观土壤生态系统的健康状况，才能从根本上解决茶园土壤的生物退化。

四、土壤生物退化的治理与生态恢复

恢复生态学是研究生态系统退化原因、退化生态系统恢复与重建的技术与方法的科学。生态恢复指改良和重建退化的自然生态系统，使其生产力恢复到退化前的水平。目前人们已在宏观尺度上进行了大量的生态恢复研究，例如森林生态系统恢复、水域生态系统恢复、草地生态系统恢复以及海洋和海岸带生态系统恢复等，但微观尺度的生态恢复研究尚未引起重视。土壤中的无机物质与土壤动物、土壤微生物及土壤上生长的植物共同构建的土壤生态系统（Soil ecosystem）是地球陆地表面物质能量交换最活跃的宏观生态系统。该系统中作物根系密集分布的微小区域可称为"根区微观土壤生态系统（Rhizosphere microcosmic soil ecosystem，RMSE）"，RMSE 是一个空间范围很小的"特殊生态系统"，受作物根系生理生化影响很大，系统内土壤微生物及根系分泌物的种类和数量与远离根系的根外土壤相比，差异很大。RMSE 中微生物种类与数量直接决定着作物的生长发育与健康状态。因此，RMSE 的健康状态对土壤生产力至关重要。土壤生物退化的主要问题是 RMSE 发生退化：病原菌数量增加，有益菌数量下降，连作作物根系分泌、残体腐解向土壤中释放自毒化学物质，营养元素由于连作作物对某些元素的偏好吸收而失衡等。因此，土壤生物退化的修复主要是 RMSE 的恢复。由连作引起的土壤生物退化由来已久，而且随着设施化、专业化种植面积和年限的增加，有愈演愈烈之势。由于认知的原因，过去对连作障碍的克服主要从土传病害防治方面考虑，提出了许多措施，但仍未从根本上解决问题。特别是，有时作物并不发病，但生长差，施肥、灌溉效果不明显。这些现象充分表明，病害并不是引起连作障碍的唯一因素，目前单从防病途径解决该问题的思路需要改变。鉴于恢复生态学采用从生态系统整体恢复出发考虑解决方案，因此，只有恢复或改善作物根区微观土壤生态系统的健康状况，才有可能从根本上解决土壤生物退化。

第五节　茶园水土流失与特征

近年来，福建开垦坡地种茶力度不断加大，一些地区农民水土保持意识薄弱，高坡度开垦，有些甚至"一开到顶"，"四面光"的现象屡见不鲜，全省茶园特别是新开垦茶园水土流失比较严重。据遥感调查显示，2006 年年底福建省茶园水土流失面积高达 6.35 万 hm²，占茶园总面积的比率高达 46.62%，泉州、南平和宁德的茶园水土流失面积占全市茶园面积的比例均超过全省平均值，分别为 63.09%、55.65% 和 47.54%，其余依次为三明（32.37%）、漳州（28.45%）、福州（26.53%）、龙岩（22.84%）、莆田（15.27%）和厦门（3.59%），水土流失程度十分严重（陈文祥 等，2006）。茶园水土流失不仅破坏生态环境，而且直接影响和制约茶产业的可持续发展。茶园水土流失问题已引起社会的广泛关注，许多学者对山地茶园水土流失特征、成因和防治措施进行了大量研究（吕联合，2009；陈小英等，2009）。利用坡面径流小区方法对不同耕作方式下茶园土壤侵蚀量的监测结果发现，裸露坡地茶园的年土壤侵蚀量为 40 147.9 t/km²，清耕梯田茶园为 2 213.5 t/km²，梯壁种百喜草的梯田茶园为 951.3 t/km²，梯壁种香根草的梯田茶园为 672.9 t/km²（陈小英 等，2009）。

集水区是红壤丘陵景观中相对独立且整体性强的最基本的地理生态单元，以集水区为单元研究土地利用变化与水土流失关系是较为有效的方法，因为在该尺度上的研究既保持了天然状况下的径流流动，又能避免径流小区观测放大侵蚀量的不足，通过测定集水区出口处的径流和泥沙，能有效评价流域土地利用类型、水土保持措施变化对水土流失的影响，这是坡面径流小区方法无法与之匹敌的（李智广 等，2005）。但目前还比较少见利用集水区方法研究山地茶园水土流失特征的报道。故此，本研究以福建省安溪县感德镇代表性茶园集中开发区为对象，以集水区为单元，定量研究了福建省安溪县感德镇茶园集中开发区水土流失特征，为红壤丘陵区茶园水土流失预测和综合防治提供科学参考。

研究区位于福建省安溪县感德镇，该镇有茶园面积 3 567 hm²，茶叶收入是当地的主要经济来源，有"中国茶叶第一镇"之称。卡口站位于感德镇槐植村双岐支毛沟出口处，由安溪县水利水电工程勘察设计有限公司设计，福建省环境监测中心站、福建省农业科学院生态研究所、感德镇镇政府共同建设，于 2014 年 4 月正式启用。卡口站安装了一台雨量计、一台水位计和一套水质自动监测系统，可以自动监测水质中 pH 值、电导率、浊度、氨氮、总磷和总氮等指标。卡口站集水面积 0.79 km²，集水区内茶园面积占土地总面积的 95% 以上，无人居住。由于历史原因，集水区内茶园坡度多为 15°～35°，最大可达 60°。降水量和水位分别利用自记雨量计（型号 JDZ05-1）和水位计（型号 WFH-2A）监测，监测频次均为 5 min 一次。径流量采用矩形薄壁堰监测。根据卡口站实际泥沙的累积情况，分别于 2014 年 6 月 19 日、10 月 17 日和 2015 年 3 月 4 日进行 3 次清沙处理，泥沙量的测定采用体积法。每次清理泥沙之前，将柱形 PVC 管垂直打入泥沙底部，根据泥沙堆积的厚度和长度，确定 PVC 管的数量。将装有泥沙的 PVC 管整个带回实验室、晾干、混匀，进行颗粒组成分析。

一、径流量和降水量的关系

2014 年 4 月至 2015 年 3 月卡口站的降水量和径流量的实际监测数据见图 1-7。可以看出，径流量和降水量呈正相关，降水量越大，产生的径流越多，尤其是暴雨较多的 6—9 月。潘杰（2013）对中田河小流域的径流和降水关系进行分析，也得出了二者呈正相关的结论。根据多元统计回归分析，得到月径流量和月降水量的回归方程为：$Y = 8.694\ 7X - 163.04$（$R^2 = 0.854\ 4$）。式中，X 为月降水量，mm；Y 为月径流量，m³。

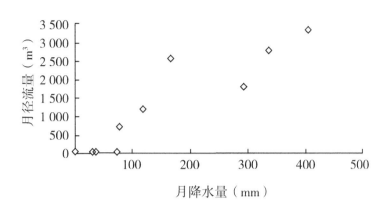

图 1-7 槐植卡口站月径流量和月降水量关系

二、流量和降水强度的关系

降水强度对径流的形成具有重要影响，在实际降水过程中，降水强度总是不断发生变化。用来描述降水强度的变量有平均降水强度和时段降水强度，本研究按照中国气象局颁布的降水强度等级划分标准（内陆部分）（2005）将本研究区降水划分为小雨、中雨、大雨、暴雨，并采用平均降水强度代表当天降水强度来分析集水区出口处流量与降水强度的关系。通过分析槐植卡口站 2014 年 4 月到 2015 年 3 月降水强度和集水区出口处流量发现，降水强度对径流的产生具有重要影响。从本研究区域 2014 年全年的降水情况看，8 月降水量占全年降水总量的 17.5%，其中最小雨强为 1.2 mm/d，最大雨强为 54 mm/d，小雨、中雨、大雨和暴雨天数分别占当月天数的 25.8%、9.7%、12.9% 和 3.2%，是全年降水分布较为集中的月份之一。故此，本研究以 2014 年 8 月为例，分析了槐植卡口站集水区出口处流量和降水强度的关系。

2014 年 8 月集水区出口处流量随降水强度的变化情况见图 1-8。可以看出，集水区出口处流量随着降水强度的变化而变化，二者基本呈正相关。8 月 8 日降水强度达到 37 mm/d，为大雨，流量只有 0.1 m³/s，8 月 9 日降水强度为 19 mm/d，为中雨，流量为 0.45 m³/s，这是因为从 7 月 28 日到 8 月 7 日连续 11 d 没有降水，土壤含水量低，大部分雨水渗入土壤，较少形成径流；此后连续降水，以中到大雨为主，流量不断增大，到 8 月 12 日，降水强度达到暴雨级别，为 54 mm/d，流量也达到最大，为 13.82 m³/s；此后流量基本随着降水强度而上下波动，但 8 月 20 日和

21日无雨，流量也分别达到了9.54 m³/s和3.81 m³/s，这可能是因为前期连续的大暴雨使茶园土壤水分趋于饱和，支毛沟中上游水量增多，导致泄水期延长。严风硕等（2009）对不同土地利用方式下紫色土水土流失特征进行了研究，得出三峡库区大部分水土流失可能是由几次典型降水所决定的结论，与本研究结论具有一致性。

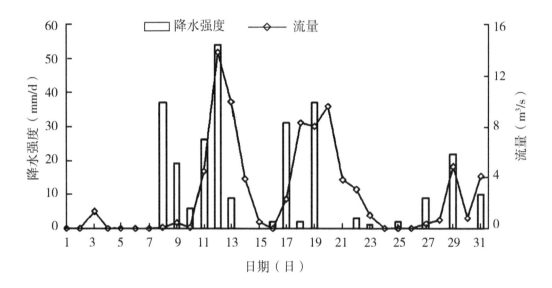

图1-8　2014年8月集水区出口处流量随降水强度的变化趋势

三、产沙量和颗粒组成分析

1. 产沙量

茶园土壤在降水、径流的作用下遭受侵蚀，随径流流入河道。2014年4月到2015年3月共对槐植卡口站进行了3次泥沙清理：第一次泥沙积累时间从2014年4月1日开始，清理泥沙时间为6月19日，产沙量为35.95 t/km²；第二次泥沙积累时间从6月20日开始，清理泥沙时间为10月17日，产沙量为22.15 t/km²；第三次泥沙积累时间从10月18日开始，清理泥沙时间为2015年3月4日，产沙量为0.52 t/km²。3次泥沙积累期间降水情况见表1-4。第一次泥沙积累时间为80 d，第二次为90 d，第一次降水量比第二次少了73 mm，径流量比第二次少了1 366.7 m³/km²，但产沙量比第二次多了13.80 t/km²，这是因为4月1日至6月19

日正值福建梅雨期，持续不断的降水使土壤中水分饱和，土壤结构松散，土壤颗粒之间的摩擦力减小，再加上间断性较强降水，使土壤侵蚀极易发生；第三次泥沙积累时间为 155 d，其降水量和径流量分别比第一次低 73.2%和 99.3%，产沙量也少了 98.6%。这表明，当降水量相差较大时，降水量对泥沙量的多少起着决定性作用，当降水量相当时，雨型对泥沙量具有重要影响，在连续的小型降雨夹杂大到暴雨的情况下，土壤侵蚀更容易发生。

表 1-4　2014 年 4 月至 2015 年 3 月降水和径流情况统计

时间 （年-月-日）	降水量 （mm）	径流量 （m³/km²）	产沙量 （t/km²）	不同雨型所占天数比例（%）				
				无雨	小雨	中雨	大雨	暴雨
2014-04-01 至 2014-06-19	603.0	7 074.3	35.95	38.7	38.7	11.3	8.8	2.5
2014-06-20 至 2014-10-17	676.0	8 441.0	22.15	50.0	28.9	7.8	10.0	3.3
2014-10-18 至 2015-03-04	161.5	48.5	0.52	77.5	19.6	2.2	0	0.7
合计	1 440.5	15 563.8	58.62					

2. 颗粒组成分析

6 月 19 日和 10 月 17 日卡口站清理的泥沙颗粒组成情况见图 1-9。泥沙中不同粒级颗粒所占质量百分比的大小顺序为粗砂粒（0.5～1 mm）＞中砂粒（0.25～0.5 mm）＞极粗砂粒（1～2 mm）＞石砾（＞2 mm）＞极细砂粒（0.05～0.1 mm）＞细砂粒（0.1～0.25 mm）＞粗粉粒（0.02～0.05 mm）＞细粉粒（0.002～0.02 mm）＞黏粒（＜0.002 mm）。支毛沟流失泥沙中以砂粒含量（0.05～2 mm）最高，在两次清理的泥沙中砂粒含量分别达到 93.38%和 88.08%，其中又以粗砂粒（0.5～1 mm）和中砂粒（0.25～0.5 mm）为主，其次是极粗砂粒（1～2 mm），石砾（＞2 mm）、粉粒（0.002～0.05 mm）和黏粒（＜0.002 mm）含量均较低。这是因为试验区茶园被长期垦殖，土壤养分含量较低，团聚性较差，加之陡坡开垦，在雨水的冲刷下，极易造成水土流失，且侵蚀泥沙随径流流入河道后在流动的过程中不断被分选和沉积，造成石砾含量和黏粒含量较少，砂粒含量较多，这与黄丽等（1999）对侵蚀紫色土土壤颗粒流失规律的研究结果一致。

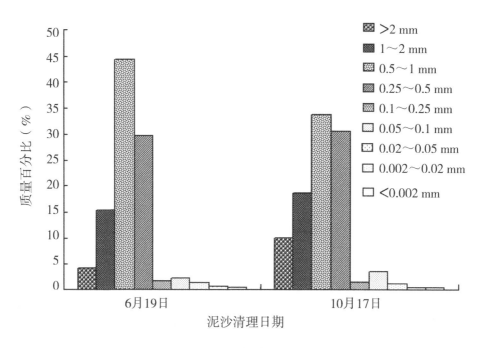

图例：
- >2 mm
- 1～2 mm
- 0.5～1 mm
- 0.25～0.5 mm
- 0.1～0.25 mm
- 0.05～0.1 mm
- 0.02～0.05 mm
- 0.002～0.02 mm
- <0.002 mm

图1-9 支毛沟泥沙颗粒组成

四、小结与讨论

小集水区测流技术是进行生态—水文试验和生物地球化学研究的一种实用方法，该方法能较准确地测定集水区生态系统的水分输入和输出，由此可获得整个集水区水土流失的主要参数。本研究对槐植卡口站一年的监测结果表明，茶园集水区年径流总量约为15 563.8 m³/km²。江淼华等（2012）运用径流小区法得出闽北杉木林、锥栗林、柑橘园和裸露地年均水土流失量分别为20 000 m³/km²、28 000 m³/km²、37 000 m³/km²和437 000 m³/km²。本研究区域茶园年均水土流失量均小于闽北杉木林、锥栗林、柑橘园和裸露地的年均水土流失量，但由于两个研究区的尺度、土地利用方式和区域气候特点等存在一定差异，导致数据的可比性较差。另外，通过集水区测流堰和水位计自记水位，然后换算成集水区径流量，其精度与换算公式的精度有关，今后还要通过实测试验进行对比，以进一步提高测流的精度。

刘海等（2012）对元谋干热河谷不同土地利用类型集水区的研究表明，2010年雨季林地、农地集水区的产沙量分别为218.04 t/km²和354.08 t/km²，林地因较高的植被覆盖度而具有较好的调节径流、保水与抗侵蚀作用，表现为林地集水区产沙量低于农地。茶园作为南方红壤丘陵区重要的土地利用方式之一，区别于林地和农地。本研究结果表明，茶园集水区的产沙量与降水关系密切，尤其是连续性降水的影响较为明显；茶园集水区年产沙量约为 58.62 t/km²，远低于陈小英等（2009）对安溪茶园土壤流失量的监测结果（2 213.5 t/km²）。尽管立地条件有所差异，但也反映了径流小区方法放大了土壤侵蚀的结果。茶园开发区沉积泥沙粒径组成分析表明，泥沙颗粒以砂粒（0.05～2 mm）为主，石砾（＞2 mm）、粉粒（0.002～0.05 mm）和黏粒（＜0.002 mm）含量均较低。而张翔等（2015）对东柳河小流域的泥沙粒径分析结果表明，丘陵区的沉积泥沙主要由粗砂构成，而农田区以细砂为主，表明侵蚀泥沙颗粒的分布和搬运与土壤类型密切相关。

茶园水土流失易造成的危害有：①茶园土层变薄、肥力下降；②茶根大量外露，茶树长势变弱；③破坏茶园生态系统，加剧病虫害的发生和蔓延；④导致生态环境退化等。对福建山地茶园应采取全面规划、综合治理的水土保持措施，加强水土保持工程建设，配套生物、耕作措施。针对开垦缺乏规划、设计不合理导致水土流失的茶园，对山顶及坡度超过 25°的进行退茶还林，围绕茶树喜温、喜潮湿、耐阴的生物学特性，建立树、茶、草立体化生态结构茶园，改善茶园小气候，提高茶树的环境适应能力，防止水土流失。

第六节　茶园非点源污染

一、茶园非点源污染概况

非点源污染（Non-point source pollution，NSP），又称面源污染，是指污染物在降水或径流的冲刷作用下，随径流汇入湖泊河流等水体而引起的污染问题（金书秦等，2018）。茶树大多种植在丘陵山地等养分贫瘠的土壤中，随着无性系茶树品种的大面积推广以及部分茶农片面追求高产，茶园化肥用量逐渐增加，并且有机肥施用比例较低（郭见早 等，2010）。过量施肥不仅增加了生产成本，而且在降水、坡度等自然因素的影响下极易产生氮、磷等营养元素通过地表径流、地下渗漏等方式对周围环境造成农业非点源污染，破坏土壤和水体环境。黄河仙等（2008）的研究显示，茶园是流域农业非点源污染的重要来源之一。茶园的氮流失强度是一般耕地的 1.8 倍、自然林地的 8.8 倍，磷流失强度是自然林地的 7.6 倍（李恒鹏 等，2013）。随着茶园面积的逐年增加，茶园非点源污染问题不容忽视，且局部有加重趋势，这将成为影响茶业转型升级的主要障碍因子。

茶园非点源污染是伴随着水土流失的发生与发展而造成土壤有机物、化肥、农药、有机肥料、农业固体废物等污染物随着降水—径流迁移路径输出的过程，主要包括化肥农药污染、生活污水、固体废弃物污染等（王峰 等，2012）。茶园非点源污染受坡地开垦方式、建植时长、土壤类型、化肥农药施用方式、地表植被覆盖、降水、地形条件等因素的影响（陈小英 等，2009；蔡翔 等，2018）。茶园顺坡种植产生的地表径流量远大于等高梯田种植方式，其输送污染物的能力也更大；茶园开垦初期，地表植被受人为扰动，极易产生水土流失，随着建园时间的增加，地表植被逐渐恢复，水土流失情况有所好转，但化肥农药等污染物随着时间累积在土壤中，通过泥沙吸附、土壤淋溶、侧渗等迁移至下游水体的风险则加大。李长嘉等（2013）研究表明，相同降水强度下，3 种下垫面径流和产沙量顺序均为裸地＞2 年茶园＞4 年茶园，2 年茶园随径流迁移的全氮、全磷流失量分别是 4 年茶园的 3.6 倍和 2.1 倍，2 年茶园随泥沙迁移的全氮、全磷流失量分别是 4 年茶园的 8.5 倍和 6.7 倍，说明种植年限较长的茶园可显著减少随径流泥沙进入水体中的 N、P 元素。一般来说，降水量越大、降水强度越高、地表植被覆盖率越低、地形坡度越陡，则产流能力越强，水土流失风险越高，导致的茶园非点源污染也越重。

二、茶园非点源污染特征

目前，坡地茶园水土流失及其对水质造成的环境影响已引起学者的广泛关注（Lee et al.，2009）。席运官等（2010）利用径流小区得出茶园随径流流失的氮素量为 11.69 kg/hm²，可溶性总磷（TDP）流失量为 0.13 kg/hm²，并指出太湖流域坡地茶园径流量少且氮、磷流失较少。刘宗岸（2012）研究认为茶园集水区氮、磷养分流失严重，其总氮、总磷含量均值都超出《地表水环境质量标准》（GB 3838—2002）中 V 类标准限值。降水是径流和泥沙产生的主要诱因，泥沙和流失的养分也必然跟降水有较强关系。吕玉娟等（2015）研究表明，氮、磷流失量的季节变化和年际变化均与地表径流量的变化规律一致，地表径流量和养分的流失量呈显著正相关，但也有研究认为两者呈负相关（余明勇 等，2016）。

尽管茶园水土流失问题已引起了广泛关注，但相关研究集中在室内模拟降水和径流小区尺度，野外自然条件下以小流域为单元监控坡耕地茶园养分流失及径流泥沙的报道较为少见。因此，本研究以福建省安溪县感德镇坡耕地茶园为对象，以小流域为单元，通过监控流域水质营养元素和泥沙量，分析茶园水土流失造成的环境问题。研究区位于福建省安溪县感德镇，卡口站位于感德镇槐植村双岐支毛沟出口处，详见第一章第四节。水质监测点地理坐标为 25°18′ N，117°51′ E，水质自动监测取水器安装在距薄壁堰 1 m、水深 0.5 m 处，自动监测仪器在感德镇槐植村饮水工程站房内，可以自动监测 pH 值、氨氮、总磷和总氮等指标，水质自动监测数据可以远程监控。水质自动监测项目分类标准采用《地表水环境质量标准》（GB 3838—2002），降水强度分类标准按照中国气象局颁布的降水强度等级分类标准（内陆部分）（蔡崇法 等，2000）。

1. 悬移质各指标概况

双岐支毛沟悬移质水质自动监测从 2014 年 7 月 11 日至 2016 年 9 月 15 日，期间共降水 339 d。悬浮物最大值出现在降水量最大（160.5 mm）的 2016 年 9 月 15日，氨氮、总氮、总磷最大值分别出现在降水量为 0 mm、56.5 mm、54.5 mm 时，pH 值最小值出现在降水量为 47.5 mm 时，各指标统计结果见表 1-5。

表 1-5　悬移质自动监测指标统计

指标	有效数据/个	最小值（mg/L）	最大值（mg/L）	平均值（mg/L）	标准差	变异系数
pH 值（无量纲）	607	4.35	7.24	5.41	0.86	0.16
氨氮	653	<0.05	0.14	0.031	0.018	0.58
总氮	440	3.36	24.73	11.46	2.72	0.24
总磷	639	<0.005	0.130	0.021	0.026	1.24
悬浮物	569	0.42	499.73	22.67	57.87	2.55

注：氨氮和总磷的检出限分别为 0.05 mg/L、0.005 mg/L，低于检出限的数据统计时按 1/2 最低检出浓度值统计。

2. 水质酸度和养分分析

为更准确了解实验区水质情况，将 pH 值和各养分指标进行分类统计（表 1-6）。pH 值达到 I 类水质标准的有 175 d，占监控有效天数的 28.8%，劣 V 类

（4.35～6.00）占71.2%，且集中分布在4.50～5.50，占劣Ⅴ类的93.8%，具体分布见图1-10。杨冬雪等（2010）在其调查的107个茶园土壤样本中发现，pH值主要集中在4.00～4.50，茶园pH值低于4.50的酸化茶园占86.9%，酸性土壤通过泥沙流失和养分淋失进入支毛沟，使水质总体呈现酸性。

表1-6　pH值和营养元素分类

项目	pH值		氨氮		总氮		总磷	
	天数（d）	占比（%）	天数（d）	占比（%）	天数（d）	占比（%）	天数（d）	占比（%）
Ⅰ类			653	100	0	0	449	70.2
Ⅱ类			0	0	0	0	178	27.9
Ⅲ类	175[①]	28.8[②]	0	0	0	0	12	1.9
Ⅳ类			0	0	0	0	0	0
Ⅴ类			0	0	0	0	0	0
劣Ⅴ类	432	71.2	0	0	442	100	0	0

注：表中①为pH值为Ⅰ～Ⅴ类水质的总天数；②为pH值为Ⅰ～Ⅴ类水质的总百分比。

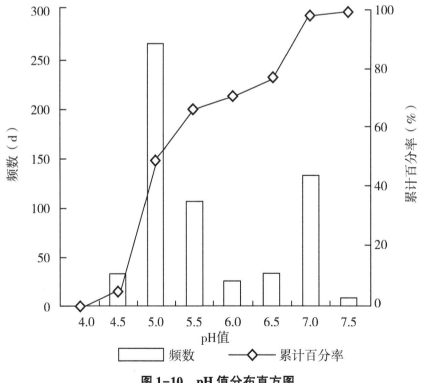

图1-10　pH值分布直方图

42

总氮全部为劣 V 类，且远超出 V 类标准限值（2.0 mg/L），最大值达到 24.73 mg/L，主要分布在 10～12 mg/L、12～14 mg/L 区间内，分别占 31.8% 和 34.5%（图 1-11）。一方面，可能与当地茶园施用的化肥（碳酰胺、碳酸氢铵、磷酸二铵复合肥）有关；另一方面，可能是池底污泥和枯枝烂叶在微生物作用下，将部分有机氮转化为无机氮。氨氮都在 I 类标准范围内，有研究表明可溶性氮是氮素损失的主要形态（王京文 等，2012），且茶园可溶性氮素主要以硝态氮为主（席运官 等，2010；刘宗岸，2012），这解释了在总氮含量较高的情况下，氨氮含量较低的原因。

总磷达到 I 类、II 类、III 类水质标准的天数分别占 70.2%、27.9% 和 1.9%，表明水质中总磷总体含量较低，坡地磷素主要是以泥沙结合态的形式流失，而不是溶解态形式（陈欣 等，2000；Allen et al.，2006；王京文 等，2012），所以虽然茶园土壤有效磷含量处于中等水平（杨冬雪 等，2010，2011），但水质中磷含量较低。

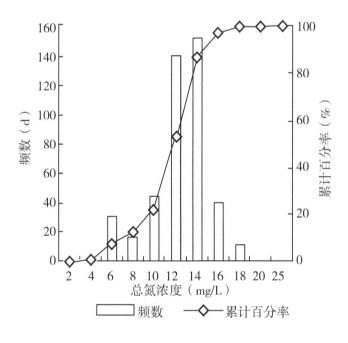

图 1-11 总氮分布直方图

3. 水质悬浮物分析

悬浮物是造成水体浑浊的主要原因，其含量对水质测定结果具有一定的影响

（张筑元 等，2006）。悬浮物含量为 0～80.00 mg/L 的占比为 93.8%，80.00～499.73 mg/L 的占比为 6.2%。经统计，在槐植卡口站监控期间，大雨到暴雨的天数占 7%，与悬浮物含量为 80.00～499.73 mg/L 的占比（6.2%）很接近。为进一步探究悬浮物对降水的响应，选取 2015 年 8 月 25 日至 10 月 15 日的降水量和当天悬浮物含量进行分析，对降水量和悬浮物进行 3 d 滑动平均处理，如图 1-12 所示。

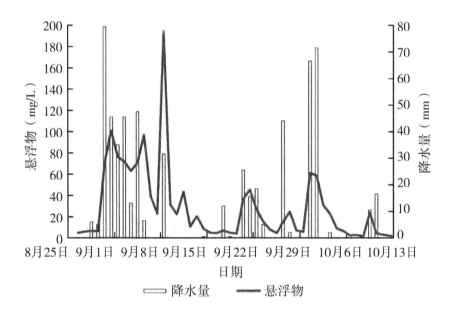

图 1-12 悬浮物和降水量 3 d 滑动平均趋势

2015 年 8 月 25 日至 10 月 15 日，共降水 24 d，占选取区间总天数的 46.2%，最大降水量出现在 8 月 29 日，为 79.5 mm。从图 1-12 看，悬浮物含量随降水量上下波动，两者呈正相关，相关系数为 0.647，但因受到土壤类型及其理化性质、土壤前期含水量、植被覆盖等影响，这种作用具有一定的滞后性。如 9 月 7 日降水量为 37.5 mm，比降水量最大的 8 月 29 日少了 42 mm，但悬浮物达到选取区间的最大值（194.13 mg/L），因为在 9 月 7 日之前，连续 9 d 各种类型的降水夹杂，使土壤充分饱和，此时，只要雨量达到一定值，悬浮物含量则迅速升高。

4. 泥沙量监控

在降水作用下，土壤遭受侵蚀和剥蚀，泥沙随径流进入河道。以清理泥沙时间为节点，计算泥沙重量并统计区间降水情况，见表 1-7。

表1-7　卡口站泥沙监控及降水情况统计

次数	累计时间 （年-月-日）	间隔天数 （d）	泥沙重量 （t/km²）	降水总量 （mm）	大到暴雨天数 所占比例 （%）
1	2014-06-20 至 2014-10-17	120	22.2	676	13.3
2	2014-10-18 至 2015-07-14	270	26.0	726	2.5
3	2015-07-15 至 2015-09-22	70	25.3	632	17.2
4	2015-09-23 至 2016-04-28	219	42.9	1 326	6.9
5	2016-04-29 至 2016-07-22	85	64.9	285	5.1
6	2016-07-23 至 2016-09-15	55	74.8	617	11.0

　　泥沙监控期间，泥沙量受累计时间、雨量和雨强的直接影响。当降水量达到一定值，雨量对6次泥沙量的多少起决定作用，如第4次泥沙累计间隔比第2次少了51 d，但因其降水量比第2次多了600 mm，泥沙重量比第2次多了16.9 t。当降水总量相当，大到暴雨的作用则更为突出，如第6次泥沙清理时间间隔最短为55 d，但泥沙总量却达到最大值74.8 t/km²，因为第6次泥沙累计期间降水天数占63.6%，且特大暴雨较多，尤其是2016年9月15日超强台风"莫兰蒂"当天带来降水量更是达到161 mm，发生严重的水土流失。侵蚀泥沙不仅造成河道淤积，且泥沙是吸附态营养元素流失的主要载体（余进祥 等，2011），也有研究表明泥沙流失量越大，养分流失量越多（马琨 等，2002）。

三、小结与讨论

　　通过对槐植卡口站水质和泥沙流失量监控，结果表明，茶园集水区养分存在不同程度的流失。在监控的5个指标中，悬浮物变异系数最大，对降水的作用最敏感；总磷次之，其含量分散在检出限（<0.005 mg/L）至0.14 mg/L。pH值在6以下的占71.2%，其中，pH值为4.35～5.00的占49.3%，水质的酸化反映了研究区茶园土壤酸化严重，有研究表明茶园土壤酸化已经成为制约茶叶稳定高产的重要原因（吴士文 等，2012）。集水区内氨氮含量均达到Ⅰ类标准，总氮含量全部超出Ⅴ类标准，说明水质中总氮含量较高，而氨氮含量较低，水中氮素污染主要是硝酸盐氮；总磷含量在Ⅰ类标准范围内的占70.2%，总体较好。但随着磷肥的投入，土壤

中磷会不断积累，当达到土壤吸附饱和上限，磷素淋失的风险也将加大。悬浮物的多少在一定程度上可以表征土壤中细颗粒物的流失量，悬浮物跟降水量基本呈正相关，大到暴雨对悬浮物的含量起决定作用，但具有一定的滞后性，滞后的时间随前期降水量大小和强度而定。监控期间内，坡地茶园小流域平均产沙量约为113.9 t/km²。陈小英等（2009）利用径流小区方法得出的土壤侵蚀量为2 213.5 t/km²，除立地条件和降水的年季差异外，野外小流域实地监控的方法能更准确反映茶园泥沙流失量，避免了径流小区方法放大土壤侵蚀结果（王义祥 等，2016）。通过对卡口站泥沙量进行监控，结果表明降水的多少和类型对泥沙量具有直接影响，由 6 次泥沙清理间隔和泥沙量可以看出，极端暴雨天气对土壤流失具有非常强的破坏作用，但高历时低强度的小型降雨夹杂中到大雨的情形对泥沙的流失作用也较为显著。

槐植卡口站泥沙和养分存在不同程度的流失，在监控的 5 个指标中，悬浮物对降水的作用最敏感；总磷次之。研究区茶园土壤酸化严重，pH 值在 6 以下的占71.2%，其中，pH 值为 4.35～5.00 范围内占 49.3%。集水区内氨氮含量均达到 I 类标准，总氮含量全部超出 V 类标准，总磷含量在 I 类标准范围内的占 70.2%。悬浮物跟降水量基本呈正相关，相关系数为 0.647，大到暴雨对悬浮物的含量起决定作用，但具有一定的滞后性。监控期间，研究区坡地茶园小流域平均产沙量约为113.9 t/km²。以集水区内小流域为尺度，野外实地监控水土流失主要参数，定量测量流域内各参数的输入和输出，能真实、准确反映实验区茶园水土流失带来的生态环境问题。研究区由于长期种茶，坡地土壤土层较薄、抗侵蚀能力较差，在降水的作用下，尤其是大到暴雨时，部分未经利用的养分可能通过地表径流或渗漏流失到地表水和地下水，最终输入河道，不仅造成养分的流失，而且对流域水质产生污染。但该地区肥料的具体施用方式及施用量和养分流失之间的关系，降水强度对养分流失的影响及泥沙颗粒分布和养分富集的关系，有待进一步研究。

参考文献

蔡崇法，丁树文，史志华，等，2000. 应用 USLE 模型与地理信息系统 IDRISI 预测小流域土壤侵蚀的研究 [J]. 水土保持学报，14（2）：19-24.

蔡翔，李延升，杨普香，等，2018. 茶园面源污染现状及防治措施 [J]. 蚕桑茶叶通讯（6）：24-26.

陈文祥，游文芝，陈明华，等，2006. 福建省茶园水土流失现状及防治对策
　　［J］. 亚热带水土保持，18（4）：22-23，25.

陈小英，查轩，陈世发，2009. 山地茶园水土流失及生态调控措施研究
　　［J］. 水土保持研究，16（1）：51-58.

陈欣，范兴海，李东，2000. 丘陵坡地地表径流中磷的形态及其影响因素
　　［J］. 中国环境科学，20（3）：284-288.

郭见早，崔敏，费萍丽，等，2010. 茶园施肥现状与改进措施［J］. 茶业通报，
　　32（2）：68-69.

韩文炎，阮建云，林智，等，2002. 茶园土壤主要营养障碍因子及系列茶树专
　　用肥的研制［J］. 茶叶科学，22（1）：70-74，65.

韩文炎，石元值，马立峰，2004. 茶园钾素研究进展与施钾技术［J］. 中国茶
　　叶，26（1）：22-24.

胡亚林，汪思龙，颜绍馗，2006. 影响土壤微生物活性与群落结构因素研究进
　　展［J］. 土壤通报，37（1）：170-176.

黄河仙，谢小立，王凯荣，等，2008. 不同覆被下红壤坡地地表径流及其养分
　　流失特征［J］. 生态环境，17（4）：1645-1649.

黄丽，张光远，丁树文，等，1999. 侵蚀紫色土土壤颗粒流失的研究［J］. 土
　　壤侵蚀与水土保持学报，5（1）：35-39，85.

黄永光，胡国瑜，章有余，1991. 关于微量元素锌铜锰镁的研究［J］. 国外医
　　学口腔医学分册，18（5）：294-296.

贾慧，王晟强，郑子成，等，2020. 植茶年限对土壤团聚体线虫群落结构的影
　　响［J］. 生态学报，40（6）：2030-2140.

江福英，吴志丹，尤志明，等，2012. 闽东地区茶园土壤养分肥力质量评价
　　［J］. 福建农业学报，27（4）：379-384.

江淼华，谢锦升，王维明，等，2012. 闽北不同土地利用方式与不同降雨强度
　　对水土流失的影响［J］. 中国水土保持科学，10（4）：84-89.

金书秦，韩冬梅，牛坤玉，2018. 新形势下做好农业面源污染防治工作的探讨
　　［J］. 环境保护，46（13）：63-65.

李长嘉，潘成忠，滕彦国，2013. 晋江西溪流域茶园降雨径流产污特征
　　［J］. 环境工程学报，7（8）：2909-2914.

李恒鹏，陈伟民，杨桂山，等，2013. 基于湖库水质目标的流域氮、磷减排与分区管理——以天目湖沙河水库为例 [J]. 湖泊科学，25（6）：785-798.

李智广，张光辉，刘秉正，等，2005. 水土流失测验与调查 [M]. 北京：中国水利水电出版社：12-13.

廖万有，1998. 我国茶园土壤的酸化及其防治 [J]. 农业环境保护，17（4）：178-180.

廖万有，王宏树，苏有键，等，2009. 我国茶园土壤的退化问题及其防治 [C] //茶叶科技创新与产业发展学术研讨会论文集：185-193.

林生，庄家强，陈婷，等，2013. 不同年限茶树根际土壤微生物群落 PLFA 生物标记多样性分析 [J]. 生态学杂志，32（1）：64-71.

刘海，陈奇伯，王克勤，等，2012. 元谋干热河谷林地和农地集水区尺度水土流失对比研究 [J]. 中国水土保持（7）：57-59.

刘宗岸，2012. 坡地茶园集水区地表径流氮磷流失及其生态综合控制研究 [D]. 杭州：浙江大学.

吕联合，2009. 泉州市山地茶园水土流失现状及主要防治措施 [J]. 亚热带水土保持，21（2）：32-34.

吕玉娟，彭新华，高磊，等，2015. 红壤丘陵岗地区坡地地表径流氮磷流失特征研究 [J]. 土壤，47（2）：297-304.

马琨，王兆骞，陈欣，等，2002. 不同雨强条件下红壤坡地养分流失特征研究 [J]. 水土保持学报，16（3）：16-19.

马立锋，徐献辉，石元值，等，2006. 浙江茶园土壤中硼、锰、钼元素含量研究 [J]. 中国茶叶，28（1）：21.

潘杰，2013. 中田河小流域降雨径流关系初探 [J]. 江苏水利（9）：34-35.

王峰，吴志丹，陈玉真，等，2012. 提高福建茶园土壤肥力质量的技术途径 [J]. 福建农业学报，27（10）：1139-1145.

王京文，孙吉林，张奇春，等，2012. 西湖名胜区茶园地表径流水的氮磷流失研究 [J]. 浙江农业学报，24（4）：676-679.

王义祥，杨冬雪，张燕，等，2016. 茶园集中开发区水土流失特征研究——以槐植卡口站为例 [J]. 中国水土保持（8）：63-66.

吴士文，索炎炎，张峥嵘，等，2012. 南方茶园土壤酸化特征及交换性酸在水稳性团聚体中的分布 [J]. 水土保持学报，26（1）：195-199.

吴志丹，尤志明，江福英，等，2017. 福建省主产茶区茶园土壤酸化现状及特征［C］//第十七届福建省科协年会分会场——科技创新与茶叶发展学术研讨会论文集：107-115.

席运官，陈瑞冰，李国平，等，2010. 太湖流域坡地茶园径流流失规律［J］. 生态与农村环境学报，26（4）：381-385.

徐仁扣，2015. 土壤酸化及其调控研究进展［J］. 土壤，47（2）：238-244.

薛冬，2007. 茶园土壤微生物群落多样性及硝化作用研究［D］. 杭州：浙江大学.

薛冬，姚槐应，黄昌勇，2005. 植茶年龄对茶园土壤微生物特性及酶活性的影响［J］. 水土保持学报，19（2）：84-87.

严风硕，何丙辉，刘立志，2009. 不同土地利用方式下紫色土坡地水土流失特征——以涪陵为例［J］. 亚热带水土保持，21（4）：14-19.

杨冬雪，2011. 福建省茶园土壤环境质量现状研究［J］. 海峡科学（6）：5-9.

杨冬雪，钟珍梅，陈剑侠，等，2010. 福建省茶园土壤养分状况评价［J］. 海峡科学（6）：129-131.

杨文俪，2021. 福建省安溪县茶园土壤酸化速率与改良技术［J］. 茶叶学报，62（2）：89-93.

杨向德，石元值，伊晓云，等，2015. 茶园土壤酸化研究现状和展望［J］. 茶叶学报，56（4）：189-197.

伊晓云，2021. 茶园有机肥种类与施用比例效果研究［D］. 北京：中国农业科学院.

尤志明，吴志丹，章明清，等，2017. 福建茶园化肥减施增效技术研究思路［J］. 茶叶学报，58（3）：91-95.

余进祥，郑博福，刘娅菲，等，2011. 鄱阳湖流域泥沙流失及吸附态氮磷输出负荷评估［J］. 生态学报，31（14）：3980-3989.

余明勇，徐圣杰，徐建华，2016. 长湖流域水质时空分布特征及影响因子［J］. 中国环境监测，32（5）：73-79.

张翔，李鹏，张洋，等，2015. 东柳沟沉积泥沙粒径空间分布与特征［J］. 水土保持学报，29（1）：75-79，148.

张学雷，龚子同，2003. 人为诱导下中国的土壤退化问题［J］. 生态环境，12（3）：317-321.

张筑元，李晓，叶翠，等，2006. 悬浮物对三峡水库水质测定结果的影响 [J]. 中国环境监测，22（5）：52-54.

郑丽燕，侯玲利，陈炎辉，等，2009. 福建铁观音茶园土壤氮素状况研究 [J]. 中国生态农业学报，17（2）：225-229.

ALLEN S C, NAIR V D, GRAETZ D A, et al., 2006. Phosphorus loss from organic versus inorganic fertilizers used in alleycropping on a Florida Ultisol [J]. Agriculture, Ecosystems & Environment, 117 （4）：290-298.

LEE S W, HWANG S J, LEE S B, et al., 2009. Landscape ecological approach to the relationships of land use patterns in watersheds to water quality characteristics [J]. Landscape and Urban Planning, 92 （2）：80-89.

YAN P, WU L, WANG D, et al., 2020. Soil acidification in Chinese tea plantations [J]. Science of The Total Environment, 715 （16）：136963.

第二章　连作年限对茶树生长和土壤性质的影响

连作障碍（Continuous cropping obstacles），又称忌地现象（Soil sickness）、再植病害（Replant disease）或再植问题（Replant problem），是指同种作物或者同科近缘作物在同一地块连续栽培，即使栽培管理正常，也会表现出作物生长发育受阻、产量品质下降、病害加重的现象（张晓玲 等，2007；张重义 等，2013）。茶树连作障碍问题主要表现在三个方面，一是盛产期后茶叶产量表现出逐年下降的趋势；二是茶籽在茶园土壤中不能正常萌发成苗；三是在老茶园中改植换种茶苗时，茶苗的成活率低、幼苗生长衰弱，根系发育不良、容易腐烂，植株矮化，节间缩短，叶片失绿，叶面积缩小，抽条困难等（曹潘荣 等，1996；彭萍 等，2009）。鸟王茶在贵州省有大规模的种植，通过调查发现，随着种植年限的增加，鸟王茶百芽重、发芽密度和产量都呈现出先增加后降低的趋势，6～10 年茶树产量最高，11～15 年茶树产量比 6～10 年茶树降低了 69.1%（罗倩 等，2017）。福建省的铁观音茶树幼苗在正常的培育、修剪、采摘控制下，经过 3～4 年后营养生长和生殖生长均进入旺盛期，茶叶品质和产量迅速提高，茶树开始进入定型阶段。在采养合理、肥培管理正常的情况下，青壮年期可持续到 20～30 年，甚至更长，然后进入衰老期。然而，在生产实践中，安溪县的茶农通常对 20 年茶龄左右的铁观音茶园采取推倒重建（即将茶树挖掉、旧土翻下、新土翻上）的方式进行改造，解决连作障碍给生产上带来的问题。可见，长期的单一连作确实会导致茶树连作障碍的发生，但目前对铁观音茶树连作障碍的研究还较为欠缺，对铁观音连作障碍发生的机理研究更是空白。

为此，本研究选取不同宿根连作年限的铁观音茶园，分析宿根连作年限对茶树光合特性、茶芽性状、茶叶化学成分的影响以及不同宿根年限茶园根际土壤化学性质和土壤酶活性变化，明确铁观音茶树宿根连作后对其生长发育的影响以及土壤因子变化情况，为后期铁观音种植过程中进行土壤改良提供理论依据及实践指导，为铁观音茶树的合理栽培管理提供科学依据。

研究地区位于福建省安溪县感德镇（25°18′ N，117°51′ E），试验站内的茶园大部分开垦为等高梯台形式。该区属亚热带季风气候，年平均气温 15 ~18 ℃，年平均降水量 1 700~1 900 mm，是名茶铁观音主产区之一。调查时（2015 年）选取海拔高度、坡向和坡位及管理水平基本一致的 1 年、10 年、20 年的铁观音茶园各 3 个，每个茶园小区面积不小于 25 m × 25 m。茶园施肥管理为每年的 3 月、6 月、8 月、9 月各施一次，每次约施入 750 kg/hm² 的复合肥（21% N，12% P_2O_5，12% K_2O）。茶树修剪产生的废弃枝叶直接还田。

第一节　连作年限对茶树生长的影响

一、茶树光合生理参数的差异

植物功能叶片中叶绿素含量的高低很大程度上能够反映植株的光合能力和生长情况。随着宿根连作年限的增加，叶片 SPAD（Single photon avalanche diodes，叶绿素相对含量）变化不显著（表 2-1）。光合作用为植物生长发育提供物质和能量，是植物最重要的生理代谢活动之一，因此，光合性能的变化直接反映了植物的生长状况。本研究中，净光合速率、胞间 CO_2 浓度和气孔导度都呈现出：10 年茶树＞20 年茶树＞1 年茶树，20 年茶树较 10 年茶树分别降低了 13.30%、17.06%、42.50%；蒸腾速率呈增加趋势，10 年和 20 年茶树显著高于 1 年茶树，但 10 年和 20 年茶树之间的差异不显著（表 2-1）。茶树净光合速率是茶树吸收光能、固定 CO_2 速率的重要指标，净光合速率的大小反映的是茶树同化速率的大小。本研究中 10 年茶树和 20 年茶树同处于青壮年期，然而 20 年茶树的光合速率较 10 年茶树降低了 13.3%，这可能与其所处的土壤环境恶化密切相关。

表 2-1　不同宿根年限铁观音茶树光合生理指标

处理	叶片 SPAD 值	净光合速率 [μmol/ (m²·s)]	蒸腾速率 [μmol/ (m²·s)]	胞间 CO_2 浓度 (μL/L)	气孔导度 [mol/ (m²·s)]
1 年茶树	68.13a	9.06c	4.84b	234.17b	0.13c

（续表）

处理	叶片 SPAD 值	净光合速率 [μmol/ (m² · s)]	蒸腾速率 [μmol/ (m² · s)]	胞间 CO_2 浓度 （μL/L）	气孔导度 [mol/ (m² · s)]
10 年茶树	65.88a	15.40a	6.35a	290.91a	0.40a
20 年茶树	68.66a	13.35b	6.79a	241.27b	0.23b

注：同列数据后不同字母表示在 0.05 水平差异显著。

二、茶树茶芽性状和产量变化

不同宿根年限茶树的茶芽密度、百芽重、产量都存在显著差异（表 2-2）。随着宿根连作年限的增加，10 年茶树的茶芽密度、百芽重和产量都显著高于 1 年和 20 年茶树。对于春茶，20 年茶树的茶芽密度、百芽重和产量分别比 10 年茶树降低了 24.61%、39.85% 和 54.63%；对于秋茶，20 年茶树的茶芽密度、百芽重和产量分别比 10 年茶树降低了 7.5%、2.5% 和 9.8%。通过调查茶树芽、叶的生长情况发现，20 年茶树的百芽重较 1 年和 10 年茶树的轻，说明该茶园茶树芽叶较小，并且 20 年茶园的茶芽密度、茶产量均较 10 年茶园显著降低，说明 20 年茶园茶树生长势变弱。

表 2-2　不同宿根年限铁观音茶树茶芽性状和产量

处理	春茶			秋茶		
	茶芽密度 （个/m²）	百芽重 （g）	茶产量 （g/m²）	茶芽密度 （个/m²）	百芽重 （g）	茶产量 （g/m²）
1 年茶树	530c	26.0b	137.54c	370c	25.3c	93.61c
10 年茶树	1 300a	26.1a	338.43a	670a	27.5a	184.25a
20 年茶树	980b	15.7b	153.56b	620b	26.8b	166.16b

注：同列数据后不同字母表示在 0.05 水平差异显著。

三、茶叶化学成分变化

茶叶中的氨基酸、咖啡碱、儿茶素和茶多酚是茶叶的主要品质成分，影响茶汤滋味等感官品质，其含量越高，茶叶品质越好。对于春茶，不同宿根年限茶树茶青的氨基酸、咖啡碱和儿茶素含量差异不显著，变幅分别为 1.72%～1.95%、2.30%～2.42%和9.96%～11.22%（图2-1A）。只有10年茶树的茶多酚含量显著高于1年茶树和20年茶树的含量（$P < 0.05$）。对于秋茶，不同宿根年限茶树茶青的氨基酸、咖啡碱、茶多酚和儿茶素含量都比春茶高，并且20年茶树茶青的氨基酸、咖啡碱、茶多酚和儿茶素含量都比1年和10年茶树显著降低，但1年和10年茶树之间的差异不显著（图2-1B）。总体看来，10年茶树的茶叶品质较好，20年茶树的茶叶品质有所下降。

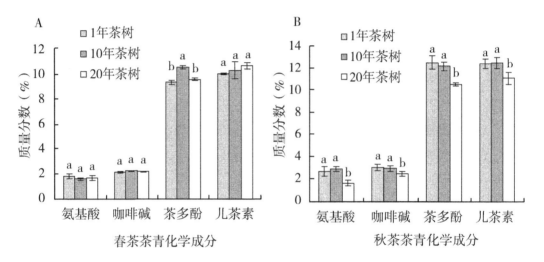

图2-1　不同宿根年限茶树茶叶化学成分

注：同成分标有不同小写字母表示在 0.05 水平差异显著。

四、小结与讨论

总体看来，宿根连作20年茶园的光合速率降低、生长势变弱、茶叶生化品质也显著降低，说明长期的单一连作确实会导致茶树连作障碍的发生。目前普遍认为导致连作障碍发生的原因主要有以下三个方面：①土壤理化性质改变；②植物活体通过淋溶、残体分解、根系分泌等方式向土壤释放自毒物质而产生自毒作用；③土壤微生物群落结构失衡，病原微生物数量增加，病虫害严重，这也是下一步要深入研究的方向。

第二节 连作年限对茶园土壤性质的影响

一、根际土壤酸度变化

随着宿根连作年限的增加，茶园土壤酸度变化明显（表2-3）。与未种植茶树的荒地相比，1年、10年、20年茶园的土壤pH值分别下降了0.8、1.34、1.08个单位（$P<0.05$）。吸附在土壤胶体上的交换性酸离子（H^+和Al^{3+}）是土壤酸度的一个容量指标。随着宿根连作年限的增加，土壤交换性酸呈现出先增加后降低的趋势，其中，交换性铝含量占到交换性酸总量的90%以上。土壤阳离子交换量（Cation exchange capacity，CEC）可以直接反映土壤的缓冲能力以及供肥、保肥的能力。本研究中，CEC呈现出先增加后降低的趋势，并且保肥能力都比较差（一般认为，CEC<10 cmol/kg的土壤保肥力弱）。茶园土壤不同于农田土壤，长期的重施氮肥、茶树根系分泌物以及茶树枯枝凋落物累积可能导致土壤pH值下降以及铝毒和抗菌物质的累积（Pandey et al.，1996）。Wang等（2010）研究发现，茶园土壤pH值一般会随着栽培年限的增加而降低，本研究也证明了这一点。

表2-3 不同宿根年限茶树根际土壤酸度变化

化学性质	荒地	1年茶园	10年茶园	20年茶园
pH值	5.10a	4.30b	3.76d	4.02c
交换性酸（cmol/kg）	6.13c	6.85bc	11.43a	7.42b
交换性氢 [cmol（H^+）/kg]	0.33c	0.64b	1.19a	0.72b
交换性铝 [cmol（1/3 Al^{3+}）/kg]	5.80c	6.21b	10.24a	6.70b
阳离子交换量（cmol/kg）	6.40c	10.33a	9.68b	9.83b

注：同一行不同字母表示在0.05水平差异显著。

二、根际土壤养分变化

随着宿根连作年限的增加，茶园土壤养分含量变化显著。土壤有机碳、总氮、总钾、有效氮、有效钾在 10 年茶园土壤中的含量最高，其次是 1 年和 20 年茶园土壤（表 2-4）。然而，随着宿根连作年限的增加，有效磷表现出一直下降的趋势，1 年茶园＞10 年茶园＞20 年茶园。这可能是因为在酸性红壤中铁和铝的活性高，极易与磷形成难溶性的铁磷和铝磷，甚至是形成了有效性更低的闭蓄态磷，导致土壤磷以及肥料磷绝大部分转化为固定态磷，因此酸性土壤一般都严重缺磷。本研究发现 20 年茶园土壤有机碳、总氮、总钾、有效氮、有效钾均有降低的趋势，可能原因是 20 年宿根茶树需要更多的养分，但施肥量不足所导致。另外，茶叶的过度采摘、土壤营养的渗漏也可导致土壤营养输入与输出不平衡。

表 2-4　不同宿根年限茶树根际土壤养分含量

化学性质	荒地	1 年茶园	10 年茶园	20 年茶园
土壤有机碳（g/kg）	2.93d	15.73b	21.81a	11.67c
总氮（g/kg）	0.21d	1.05b	1.62a	0.80c
总磷（g/kg）	0.03d	0.57a	0.43b	0.25c
总钾（g/kg）	37.06a	18.93c	29.81b	18.08c
有效氮（mg/kg）	18.48c	34.50ab	39.65a	30.91b
有效磷（mg/kg）	0.05d	119.29a	83.9bc	16.29c
有效钾（mg/kg）	65.35c	70.44c	121.64a	103.16b

注：同一行不同字母表示在 0.05 水平差异显著。

茶树所需的养分、水分均来自土壤，土壤的营养状况与茶树生长、茶叶品质密切相关。随着茶树宿根连作年限的增加，茶园土壤养分供应能力下降，由此可能导致茶叶的产量和品质都表现出下降的趋势（何电源 等，1989；薛冬 等，2007）。本研究表明，随着宿根连作年限的增加，土壤有机碳、总氮、总钾、有效氮、有效钾等养分含量均表现出先升高后降低的趋势，土壤有效磷含量表现出一直下降的趋势。由此可见，土壤养分的匮乏以及不平衡很可能是导致茶园茶叶产量和品质下降的原因之一。

三、根际土壤酶活性变化

土壤酶在土壤生态系统的物质循环和能量流动方面扮演重要的角色，是土壤质量的生物活性指标，可以用来评价土壤肥力。随着宿根连作年限的增加，与碳、氮、磷营养循环相关的蔗糖酶、脲酶和磷酸单脂酶活性呈现出先增加后降低的趋势，10年茶园土壤最高，20年茶园土壤分别比10年茶园土壤降低了43.63%、67.12%、48.28%（表2-5）。过氧化氢酶是一种能够加速过氧化氢降解使有机体免受其毒害的氧化还原酶。过氧化氢酶活性在荒地、1年和10年茶园之间的差异不显著，但20年茶园土壤过氧化氢酶活性较10年茶园土壤显著降低了34.00%。多酚氧化酶可同时被真菌和细菌利用来减轻酚类分子毒性、有助于抗菌防御（Sinsabaugh，2010）。多酚氧化酶活性在荒地土壤中最高，并且显著高于1年、10年、20年茶园土壤。可见，长期种茶使得能够催化过氧化氢分解、减轻酚类毒性的氧化还原酶活性降低。

表2-5　不同宿根年限茶园土壤酶活性分析

处理	蔗糖酶 [mg/(g·d)]	脲酶 [mg/(g·d)]	磷酸单脂酶 [mg/(g·d)]	过氧化氢酶 [mL/(g·20 min)]	多酚氧化酶 [mg/(g·h)]
荒地	5.07b	0.10d	0.23b	0.48a	0.223a
1年茶园	5.80b	0.57b	0.19bc	0.51a	0.123b
10年茶园	9.74a	0.73a	0.29a	0.50a	0.059c
20年茶园	5.49b	0.24c	0.15c	0.33b	0.121b

注：同一列不同字母表示在0.05水平差异显著。

四、小结与讨论

随着宿根连作年限的增加，茶园土壤酸化严重，土壤养分匮乏，与碳、氮、磷营养循环密切相关的蔗糖酶、脲酶、磷酸单脂酶活性以及过氧化氢酶活性显著下降。茶园土壤质量整体下降可能是导致茶园茶叶产量和品质下降的原因之一。

参考文献

曹潘荣，骆世明，1996. 茶树的自毒作用研究 [J]. 广东茶业 (2)：9-11.

何电源，许国焕，范腊梅，等，1989. 茶园土壤的养分状况与茶叶品质及其调

控的研究 [J]. 土壤通报, 20 (6): 245-248.

罗倩, 张珍明, 向准, 等, 2017. 不同种植年限鸟王茶产地土壤物理性质及生长特征 [J]. 西南农业学报, 30 (12): 2746-2750.

彭萍, 李品武, 侯渝嘉, 等, 2009. 环境对茶树产生化感物质的影响 [J]. 中国茶叶, 31 (1): 14-15.

薛冬, 姚槐应, 黄昌勇, 2007. 不同利用年限茶园土壤矿化、硝化作用特性 [J]. 土壤学报, 44 (2): 373-378.

张晓玲, 潘振刚, 周晓峰, 等, 2007. 自毒作用与连作障碍 [J]. 土壤通报, 38 (4): 781-784.

张重义, 李明杰, 陈新建, 等, 2013. 地黄连作障碍机制的研究进展与消减策略 [J]. 中国现代中药, 15 (1): 38-44.

PANDEY A, PALNI L M S, 1996. The rhizosphere effect of tea on soil microbes in a Himalayan monsoonal location [J]. Biology and Fertility Soils, 21 (3): 131-137.

SINSABAUGH R L, 2010. Phenoloxidase, peroxidase and organic matter dynamics of soil [J]. Soil Biology and Biochemistry, 42: 391-404.

WANG H, XU R K, WANG N, et al., 2010. Soil acidification of Alfisols as influenced by tea cultivation in eastern China [J]. Pedosphere, 20 (6): 799-806.

第三章 连作年限对茶园土壤微生物
群落结构的影响

　　根际微生态失衡可能是连作障碍发生的主要原因。在土壤生态系统中，微生物不仅参与土壤有机质的分解以及腐殖质的形成，而且也参与土壤养分的转化以及循环等一系列生化过程，是土壤有机质以及氮、磷、钾等养分转化和循环的动力（Roy et al.,2003）。作物连作会打破土壤微生物生态平衡，使土壤微生物区系的组成发生变化，出现微生物的选择性富集现象，造成作物的连作障碍（华菊玲 等,2012）。近年来，随着生物化学的发展，出现了 Biolog（群落水平碳源利用）方法、PLFA（磷脂脂肪酸）技术等研究微生物多样性的方法，这些方法避开了传统培养技术的缺陷，分别根据碳源利用程度和细胞膜磷脂脂肪酸结构来分析微生物的多样性，可以从群落水平反映微生物的生理活性以及不同的微生物活菌类别（刘波 等,2010）。目前，Biolog 方法和 PLFA 技术已广泛应用于作物根区土壤微生物群落多样性的研究中。

　　在茶园生态系统中，长期单一种植茶树极易造成土壤养分的失衡，酸化问题严重，同时茶树通过根系分泌、枯枝落叶分解等产生的化感物质易在土壤中积累，这些均可能影响根区土壤微生物群落演变，最终影响茶树的生长。因此，本章采用 Biolog 方法和 PLFA 技术对不同宿根连作年限的铁观音茶树根际土壤微生物的碳源代谢特征以及微生物群落结构进行分析，揭示其演变规律。

　　试验在福建省安溪县感德镇试验站进行，选取海拔高度、坡向和坡位及管理水平基本一致的 1 年、10 年、20 年的铁观音茶园各 3 个，每个茶园小区面积不小于 25 m×25 m。选邻近未种植过茶树的荒地作为对照处理。荒地未有栽茶历史，被稀疏的蕨类植物、草本植物所覆盖。试验地概况及茶园基本管理详见第二章。

第一节 连作年限对土壤微生物碳源代谢特征的影响

　　Biolog 分析法依据的原理是：微生物生长需要能量、碳源以及多种无机离子，因此可以根据微生物对不同碳源利用的方式和程度来反映微生物的多样性。Biolog生态板有96个微孔，每32个孔可作为1个重复，每板共计3个重复。32个微孔中有1个对照孔不含碳源，其余31个孔分别含有不同的有机碳源和四唑紫染料。当土壤稀释液接种到微孔板中，微生物如果能利用微孔内的有机碳作为能量来源，即能够对其进行生物氧化，有电子转移，四唑紫就会变成紫色，颜色的深浅可反映微生物对响应碳源的利用能力。该方法操作简单、重复性好、灵敏度高，能够产生大量反映微生物代谢特征的数据。但其不足之处在于：①Biolog生态板所提供的碳源和缓冲体系的pH值不能有效代表真实的土壤环境条件，因此获得的土壤微生物代谢功能多样性结果可能有偏差；②Biolog生态板检测不到土壤真菌群落以及生长代谢较慢的细菌，只有那些可培养的、代谢活性强的细菌能被检测到（Yao et al.，2000）。因而，Biolog分析时最好与其他方法相结合，才能获得更全面的结果。

一、根际土壤微生物 AWCD 的变化

Biolog生态板的每孔颜色平均变化率（Average well color development，AWCD）能够表征微生物群落的碳源利用率，是土壤微生物群落利用单一碳源能力的一个重要指标，能够反映土壤微生物的活性、微生物群落生理功能多样性。运用Biolog生态板分析发现，不同宿根连作年限茶园根际土壤样品的微生物对碳源的利用程度（AWCD值）均表现为随着培养时间的延长而增加（图3-1）。随着宿根连

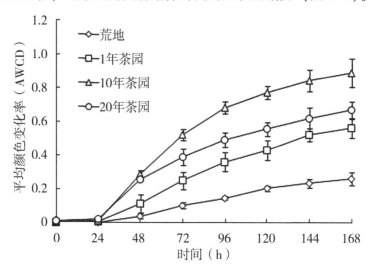

图3-1 不同处理茶园根际土壤碳源平均颜色变化率

作年限的增加，土壤微生物对不同碳源的利用程度的变化趋势为：10 年茶园＞20 年茶园＞1 年茶园＞荒地。

二、根际土壤微生物群落功能多样性变化

对培养 96 h 的吸光值进行微生物功能多样性分析，发现丰富度指数和香农多样性指数变化趋势一致，均表现为 10 年茶园＞20 年茶园＞1 年茶园＞荒地（表 3-1）。20 年茶园土壤的丰富度指数比 10 年茶园土壤显著降低了 16.98%，20 年茶园土壤的香农多样性指数比 10 年茶园土壤有所降低，但差异不显著。不同宿根年限茶园土壤微生物群落对 6 类碳源的利用不同，荒地和 1 年茶园土壤微生物对羧酸和氨基酸的利用较其他底物高，而 10 年茶园和 20 年茶园土壤微生物对酚类和羧酸类的利用较其他底物高（表 3-2），表明在 10 年和 20 年茶园土壤中能够利用酚类和羧酸类物质的微生物比例有所增加。

表 3-1 不同宿根年限茶园根际土壤微生物功能多样性

指标	荒地	1 年茶园	10 年茶园	20 年茶园
丰富度指数	6.33d	11.67c	19.67a	16.33b
香农多样性指数	1.89c	2.62b	2.98a	2.90ab

注：同一行不同字母表示在 0.05 水平差异显著。

表 3-2 不同宿根年限茶园根际土壤微生物碳源利用组成

指标	荒地	1 年茶园	10 年茶园	20 年茶园
羧酸	0.24c	0.50b	0.81a	0.62ab
酚类	0.08c	0.08c	1.17a	0.59b
胺类	0.17c	0.22c	0.63a	0.45b
氨基酸	0.11c	0.56b	0.72a	0.61ab
碳水化合物	0.09c	0.24b	0.48a	0.31b
聚合物	0.21d	0.33c	0.72a	0.53b

注：同一行不同字母表示在 0.05 水平差异显著。

三、根际土壤微生物群落结构变化

对 96 h 的 AWCD 值进行主成分分析（Principal component analysis，PCA）发现，不同宿根年限茶园土壤微生物群落结构差异显著（图 3-2）。主成分 1（PC1）能够解释变量方差的 61.6%，主成分 2（PC2）能够解释变量方差的 9.0%。与 PC1 负相关系数最高的有 2 种羧酸（D-半乳糖醛酸，-0.952；D-苹果酸，

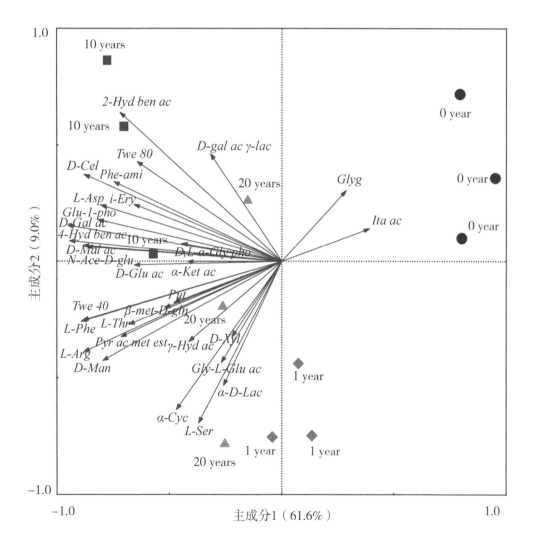

图 3-2　Biolog 数据主成分分析

注：碳源缩写见附录。

-0.885），1 种酚类（4-羟基苯甲酸，-0.945），2 种氨基酸（L-苯丙氨酸，-0.893；L-精氨酸，-0.882），1 种聚合物（吐温 40，-0.887），2 种碳水化合物（D-纤维二糖，-0.880；N-乙酰-D 葡萄糖氨，-0.868）。与 PC2 正/负相关系数最高的有 1 种酚类（2-羟基苯甲酸，0.640），1 种氨基酸（L-丝氨酸，-0.694），1 种聚合物（α-环式糊精，-0.636）。茶园土壤（1 年茶园、10 年茶园和 20 年茶园）沿第一主成分与荒地土壤样品距离较远，说明茶园的土壤微生物群落结构比较接近，种植茶树改变了根际土壤微生物的群落结构。沿第二主成分，1 年茶园和 20 年茶园土壤的微生物群落结构较接近，与 10 年茶园的距离较远。

四、小结与讨论

植物根系通过分泌各种次生代谢物质对根际微生物种类、数量和分布产生影响，对根际微生物群落结构有一定的选择和塑造作用（吴林坤 等，2014）。Biolog 结果表明，不同宿根年限的茶树根际土壤的微生物功能多样性变化显著，这可能与不同宿根年限茶树根系分泌能力、分泌物的含量和组分相关。已有研究表明，植物种类、植物生长发育时期以及周围环境因子的变化都会影响植物根系分泌物的化学组成及其含量（Doornbos et al.，2012）。在荒地和 1 年茶园土壤中微生物对羧酸和氨基酸的利用程度较其他底物更高，而在 10 年和 20 年茶园土壤中微生物对酚类物质和羧酸的利用程度较其他底物高（表 3-2），这可能是因为随着种植年限的增加，茶树所处环境发生变化，根系分泌物发生了相应的变化所致。前人研究表明，黄瓜、地黄在连作制度下根系会释放许多低分子量根际分泌物，主要包括羧酸、氨基酸和酚酸，这些分泌物可作为特定微生物群落的碳代谢底物（Wu et al.，2013；Zhou et al.，2012）。在本研究中，随着宿根连作年限增加，以酚酸和羧酸为碳代谢底物的微生物逐渐占据优势，可能是因为茶树根际分泌物累积变化所致，需要在今后作进一步研究。

第二节　不同连作年限茶园土壤微生物群落的磷脂脂肪酸分析

磷脂脂肪酸（PLFA）分析法的原理是基于不同的微生物种类通常具有不同的

磷脂脂肪酸类别和含量，并且由于磷脂脂肪酸只在活细胞中稳定存在，细胞一旦死亡磷脂脂肪酸就快速降解，因此该方法最大的优点是可以评价活的微生物的生物量和多样性。PLFA方法无需培养微生物，而是通过测定磷脂脂肪酸的种类以及含量即可获得微生物群落信息，是可用于监测土壤微生物群落动态的一种有效方法，可快速、精确地获得微生物群落信息。但该方法也存在一定的局限性。①到目前为止，土壤中所有微生物的特征脂肪酸尚未确定，因此，土壤中还存在部分脂肪酸无法与土壤中特定的微生物对应；②该方法对微生物的分类鉴定还不够精确，因而只能分为几个大类，如细菌、真菌、放线菌、革兰氏阳性菌、革兰氏阴性菌等（Hill et al.，2000）。脂肪酸的命名参考 Frostegård 等（1993）的文献，采用不同的 PLFA 标定特定的微生物（刘波 等，2010；Wu et al.，2013）：分支饱和磷脂脂肪酸如 i14：0、a15：0、i16：0、i17：0、a17：0、i18：0 等代表革兰氏阳性菌（G⁺）；单不饱和磷脂脂肪酸如 16：1ω7c 和 16：1ω9t，以及环丙烷磷脂脂肪酸（cy17：0 和 cy19：0）代表革兰氏阴性菌（G⁻）；10Me18：0 标记放线菌；18：1ω9c 和 18：2ω6，9 标记真菌。

一、根际土壤各种 PLFA 含量变化

对不同宿根年限的茶园根际土壤进行 PLFA 分析时，共鉴定到 19 种碳链长度为 12～20 的脂肪酸（表3-3），其中，细菌 PLFA 有 16 种，真菌 PLFA 有 2 种，放线菌 PLFA 有 1 种。各种饱和、不饱和、支链、环状脂肪酸的含量在各处理之间的差异显著。各种脂肪酸含量均在荒地处理中最低。除 4 种脂肪酸（18：0、i16：0、i17：0、cy17：0）外，其他脂肪酸含量均随宿根连作年限的增加呈现出先增加后降低的趋势，10 年茶园土壤含量最高，20 年茶园土壤显著降低。一般认为，PLFA 16：0和16：1ω7c 可以指示有益微生物类群假单胞菌的含量（Olsson et al.，1999）。本研究中，20 年茶园土壤的 PLFA 16：0 和 16：1ω7c 含量比 10 年茶园土壤显著降低，说明 20 年茶园土壤中有益微生物假单胞菌含量显著减少。

表3-3　不同宿根年限茶园根际土壤磷脂脂肪酸含量

单位：nmol/g（干土）

编号	PLFA	荒地	1 年茶园	10 年茶园	20 年茶园	微生物类群
1	12：0	0.00b	0.20a	0.14a	0.00b	细菌

（续表）

编号	PLFA	荒地	1 年茶园	10 年茶园	20 年茶园	微生物类群
2	15∶0	0.53c	2.34a	2.44a	1.31b	细菌
3	16∶0	3.46c	0.00d	11.31a	5.23b	细菌
4	17∶0	0.00b	1.29a	1.19a	0.00b	细菌
5	18∶0	0.73c	1.54b	2.23a	2.25a	细菌
6	20∶0	0.00b	0.32b	1.59a	0.00b	细菌
7	i14∶0	0.00c	1.26b	2.13a	0.99b	G^+
8	a15∶0	0.14b	0.95a	1.08a	0.40b	G^+
9	i16∶0	0.46d	15.76a	8.95b	4.38c	G^+
10	i17∶0	0.00b	1.52a	0.00b	0.00b	G^+
11	a17∶0	1.48c	2.65b	3.98a	3.45ab	G^+
12	i18∶0	1.61c	3.48a	4.87a	2.16b	G^+
13	16∶1ω7c	0.49b	1.95a	1.85a	0.42b	G^-
14	16∶1ω9t	0.00b	0.00b	0.85a	0.09b	G^-
15	cy17∶0	0.00b	0.90a	0.65ab	0.19ab	G^-
16	cy19∶0	0.49c	2.64a	3.17a	1.46b	G^-
17	18∶2ω6,9	0.40b	1.60ab	2.63a	0.93ab	真菌
18	18∶1ω9c	3.16c	7.17ab	10.09a	5.24b	真菌
19	10Me18∶0	0.72b	3.20a	3.32a	1.36b	放线菌

注：G^+，革兰氏阳性菌；G^-，革兰氏阴性菌；同一行不同字母表示在 0.05 水平差异显著。

二、主要微生物类群 PLFA 含量变化

总 PLFA 含量在 4 个处理间的变动幅度为 13.68～62.47 nmol/g（表 3-4）。随着宿根连作年限的增加，总 PLFA 表现出先增加后降低的趋势，细菌、革兰氏阳性菌（G^+）、革兰氏阴性菌（G^-）、真菌和放线菌均表现出相似的变化趋势。在所有土壤样品中微生物类群的 PLFA 含量均呈现出相同的变化趋势：细菌＞真菌＞放线

菌。真菌/细菌 PLFA 比值可作为衡量土壤健康情况以及是否适合作物良好生长的重要指标，比值越大表示土壤环境质量越差（孟庆杰 等，2008；姚钦 等，2015）。本研究结果表明，连续种植 10 年和 20 年茶园土壤的真菌/细菌比 1 年茶园土壤高，说明随宿根连作年限增加，茶园土壤环境质量变差。同时，更高的 G^+/G^- 被认为是土壤环境条件从多营养到寡营养的转变（Yao et al.，2000），20 年茶园土壤的 G^+/G^- 显著高于其他处理，说明 20 年茶园土壤中可利用养分在减少，和之前土壤养分含量测定结果一致。总饱和/总单一不饱和脂肪酸与土壤微生物的生理或营养压力有关（Bossio et al.，1998）。本研究发现，10 年和 20 年茶园土壤的总饱和/总单一不饱和脂肪酸显著高于荒地和 1 年茶园土壤，说明 10 年和 20 年茶园土壤微生物生理代谢受到一定胁迫。

表 3-4　主要微生物类群的 PLFA 含量（nmol/g 干土）及比值

微生物类群	荒地	1 年茶园	10 年茶园	20 年茶园
总 PLFA	13.68c	48.78ab	62.47a	29.84b
细菌	9.39c	36.80a	46.43a	22.32b
G^+	3.69d	25.62a	21.01b	11.38c
G^-	0.98c	5.49a	6.52a	2.15b
真菌	3.57b	8.78ab	12.72a	6.16b
放线菌	0.72b	3.20a	3.32a	1.36ab
G^+/G^-	3.77c	4.67b	3.22c	5.29a
真菌/细菌（%）	37.84a	23.57c	27.23 b	27.41b
Sat/mono（%）	131.24b	64.62c	148.52a	156.58a

注：G^+，革兰氏阳性菌；G^-，革兰氏阴性菌；Sat/mono 表示总饱和/总单一不饱和脂肪酸；同一行不同字母表示在 0.05 水平差异显著。

三、PLFA 群落结构变化

主成分分析表明，不同宿根连作年限茶园根际土壤的微生物群落结构可被主成分 1（PC1）和主成分 2（PC2）明显区别，荒地和 20 年茶园土壤位于 PC1 的右边，而 1 年和 10 年茶园土壤位于 PC1 的左边。荒地和 1 年茶园土壤位于 PC2 的下边，而 10 年和 20 年茶园土壤位于 PC2 的上边（图 3-3）。主成分 PC1 和 PC2 能够分别解释变量方差的 50.5% 和 26.2%。与 PC1 显著负相关的生物标记为 1 种细菌（15∶0，−0.945），3 种革兰氏阳性菌（i16∶0，−0.932；a15∶0，−0.889；i14∶0，−0.852），2 种革兰氏阴性菌（cy19∶0，−0.916；16∶1ω7c，−0.797），2 种真菌（18∶1ω9c，−0.814；18∶2ω6，9，−0.725）、1 种放线菌（10Me18∶0，−0.845）。与 PC2 显著相关的生物标记为 16∶0、20∶0、16∶1ω9t，相关系数分别为 0.924、0.696、0.679。

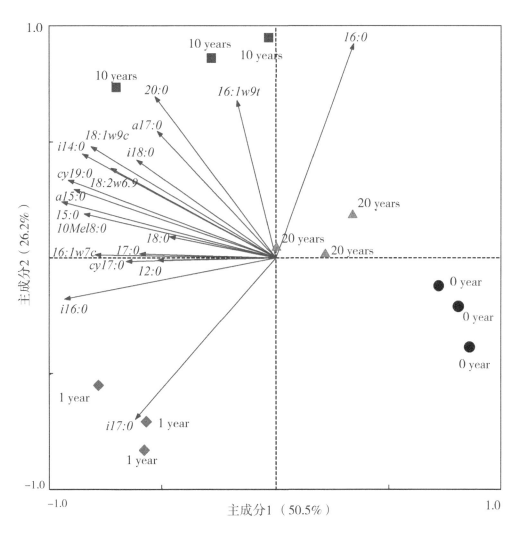

图 3-3 PLFA 生物标记主成分分析

四、微生物群落特征与土壤化学性质的相关性

Spearman 秩相关分析表明：总 PLFA、细菌 PLFA、G^+ PLFA、G^- PLFA 和真菌 PLFA 含量都与土壤化学性质土壤有机碳（SOC）、全氮（TN）、速效氮（AN）、有效磷（AP）含量呈极显著的正相关关系（表 3-5）。

对微生物群落特征和经过变异膨胀因子筛选后的 4 个土壤环境因子进行冗余分析（Redundancy analysis，RDA）发现，微生物群落特征与土壤有机碳（SOC）、有效磷（AP）、pH 值、速效氮（AN）之间存在极显著的相关性（$P = 0.004$）（图 3-4）。微生物群落特征在第一轴、第二轴的解释量分别为 89.9% 和 4.8%。第一轴与 SOC 相关系数最大，达 -0.925，说明第一轴反映了以 SOC 为主的影响；而第二轴与 pH 值的相关系数最大，为 0.345，说明第二轴主要反映了以 pH 值为主的影响。对 4 个土壤环境因子进行蒙特卡洛检验发现，SOC 能解释微生物群落特征变异的 77.1%（$P = 0.002$），其次是有效磷（解释微生物群落特征变异的 7.7%，$P = 0.036$），之后是土壤 pH 值和速效氮（$P > 0.05$）。总 PLFA 含量、细菌、G^+、G^-、真菌和放线菌与土壤环境因子 SOC、AN、AP 呈正相关关系。

表 3-5 微生物群落和土壤性质间的 Spearman 秩相关分析

微生物参数	pH 值	土壤有机碳（SOC）	全氮（TN）	速效氮（AN）	全磷（TP）	有效磷（AP）	全钾（TK）	有效钾（AK）
AWCD	-0.94**	0.76*	0.74*	0.81**	0.35	0.37	-0.32	0.92**
总 PLFA	-0.74*	0.94**	0.94**	0.86**	0.61*	0.78**	-0.29	0.52
细菌 PLFA	-0.75*	0.92**	0.95**	0.85**	0.60*	0.78**	-0.29	0.51
G^+ PLFA	-0.50	0.78**	0.81**	0.69*	0.73*	0.89**	-0.43	0.27
G^- PLFA	-0.75*	0.90**	0.94**	0.84**	0.60*	0.75**	-0.19	0.57
真菌 PLFA	-0.76*	0.88**	0.89**	0.79**	0.46	0.68*	-0.27	0.51
放线菌 PLFA	-0.48	0.82**	0.81**	0.78**	0.65*	0.76**	-0.18	0.29

注：* 和 ** 分别代表显著性水平 $P < 0.05$ 和 $P < 0.01$。

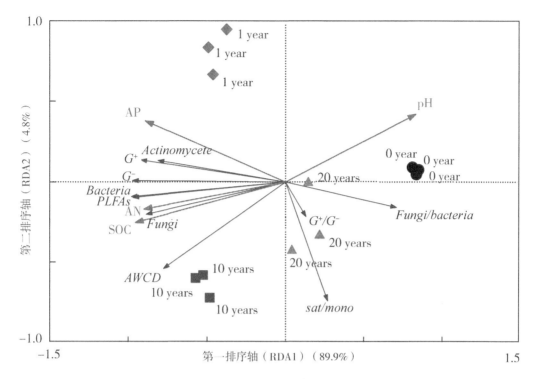

图 3-4　微生物群落特征与土壤性质的 RDA 分析

五、小结与讨论

本研究中所选茶园都来自同一气候区，以及有相似的土壤矿物学性质。因此，影响微生物群落结构的主要因子有土壤肥力和茶龄。土壤养分含量在形成微生物群落方面的重要性已被广泛报道，是土壤微生物生存、种群组成和代谢的决定性因素（Wang et al.，2013）。本研究表明，总微生物生物量和重要类群如细菌、真菌、革兰氏阳性菌、革兰氏阴性菌和放线菌都与土壤肥力呈显著的正相关关系（表 3-5，图 3-4）。也有研究表明，高的有机质输入会引起高的微生物量（Bossio et al.，1998），与本研究结果一致。因此，20 年茶园土壤微生物量下降的最主要影响因子是由于土壤营养的下降。另外，根系分泌物被认为是形成土壤微生物群落结构的主要驱动力（Hartmann et al.，2009）。根系分泌物的组分在很大程度上受植物发育阶段的影响（Doornbos et al.，2012）。Pandey 等（1996）认为茶树生长密集，根系分泌物可能在根际积累，引起对微生物生长的抑制。因此，需要在今后加强根系分泌物与微生物群落变化之间相互关系的研究。

参考文献

华菊玲, 刘光荣, 黄劲松, 2012. 连作对芝麻根际土壤微生物群落的影响 [J]. 生态学报, 32 (9): 2936-2942.

刘波, 胡桂萍, 郑雪芳, 等, 2010. 利用磷脂脂肪酸 (PLFAs) 生物标记法分析水稻根际土壤微生物多样性 [J]. 中国水稻科学, 24 (3): 278-288.

孟庆杰, 许艳丽, 李春杰, 等, 2008. 不同施肥/土地利用方式对黑土细菌多样性的影响 [J]. 大豆科学, 27 (3): 480-486.

吴林坤, 林向民, 林文雄, 2014. 根系分泌物介导下植物—土壤—微生物互作关系研究进展与展望 [J]. 植物生态学报, 38 (3): 298-310.

姚钦, 许艳丽, 宋洁, 等, 2015. 不同种植方式下大豆田土壤微生物磷脂脂肪酸特征 [J]. 大豆科学, 34 (3): 442-448.

BOSSIO D A, SCOW K M, 1998. Impacts of carbon and flooding on soil microbial communities: phospholipid fatty acid profiles and substrate utilization patterns [J]. Microbial Ecology, 35 (3): 265-278.

DOORNBOS R F, LOON L C V, BAKKER P A H M, 2012. Impact of root exudates and plant defense signaling on bacterial communities in the rhizosphere [J]. Agronomy for Sustainable Development, 32 (1): 227-243.

FROSTEGÅRD A, BÅÅTH E, TUNLID A, 1993. Shifts in the structure of soil microbial communities in limed forests as revealed by phospholipid fatty acid analysis [J]. Soil Biology and Biochemistry, 25 (6): 723-730.

FROSTEGÅRD A, TUNLID A, BÅÅTH E, 1993. Phospholipid fatty acid composition biomass and activity of microbial communities from two soil types experimentally exposed to different heavy metals [J]. Applied and Environmental Microbiology, 59 (11): 3605-3617.

HARTMANN A, SCHMID M, TUINEN D V, et al., 2009. Plant-driven selection of microbes [J]. Plant&Soil, 321: 235-257.

HILL G T, MITKOWSKI N A, ALDRICH-WOLFE L, et al., 2000. Methods for assessing the composition and diversity of soil microbial communities [J]. Applied

Soil Ecology, 15 (1): 25-36.

OLSSON S, PERSSON P, 1999. The composition of bacterial populations in soil fractions differing in their degree of adherence to barley roots [J]. Applied Soil Ecology, 12 (3): 205-215.

PANDEY A, PALNI L M S, 1996. The rhizosphere effect of tea on soil microbes in a Himalayan monsoonal location [J]. Biology and Fertility Soils, 21 (3): 131-137.

ROY A, SINGH K P, 2003. Dynamics of microbial biomass and nitrogen supply during primary succession on blast furnace slag dumps in dry tropics [J]. Soil Biology and Biochemistry, 35 (3): 365-372.

WANG W, SU D, QIU L, et al., 2013. Concurrent changes in soil inorganic and organic carbon during the development of larch, Larix gmelinii, plantations and their effects on soil physicochemical properties [J]. Environmental Earth Sciences, 69 (5): 1559-1570.

WU L K, LI Z F, LI J, et al., 2013. Assessment of shifts in microbial community structure and catabolic diversity in response to *Rehmannia glutinosa* monoculture [J]. Applied Soil Ecology, 67 (5): 1-9.

YAO H, HE Z, WILSON M J, et al., 2000. Microbial biomass and community structure in a sequence of soils with increasing fertility and changing land use [J]. Microbial Ecology, 40 (3): 223-237.

ZHOU X, WU F, 2012. *p - Coumaric* acid influenced cucumber rhizosphere soil microbial communities and the growth of *Fusarium oxysporum* f. sp. *cucumerinum* Owen [J]. PLoS ONE, 7: e48288.

第四章　连作年限对茶园土壤细菌和
真菌群落多样性的影响

结合 Biolog 微平板技术和磷脂脂肪酸法（PLFA）分析发现，茶树宿根连作后根际土壤微生物功能多样性及群落结构确实发生了显著变化，但具体是茶树根际的哪些微生物菌群发生变化以及这些相关菌群是如何响应的还不明确。高通量测序技术的出现是基因测序史上的一个里程碑，该技术最大的特点是数据产出通量高，测序成本更低，速度更快，又具有定量功能，在土壤微生物物种、结构、功能和遗传多样性的研究中可以获得丰富的信息，因此在各个领域中被广泛应用。本章采用 Illumia HiSeq 高通量测序平台对不同宿根年限的茶树根际土壤中的细菌群落和真菌群落作进一步分析，目的是找到一些与茶树连作障碍的形成密切相关的关键微生物菌群，为今后分离筛选关键微生物菌、探讨微生物之间的拮抗作用以及生产微生物菌剂提供理论依据。

以铁观音茶树根际土壤为研究对象，试验在福建省安溪县感德镇试验站进行，设置 4 个处理：对照土（选茶园附近从未种植过茶树的荒地），以及 1 年、10 年和 20 年茶树根际土壤。田间管理措施和根际土壤取样方法详见第二章。

第一节　连作年限对茶园土壤细菌群落多样性的影响

一、细菌群落成分分析

对于细菌群落，在移除质量差和短的序列后，12 个土壤样本共保留了 1 017 866 条序列。每个样品的序列数为 72 615～90 204 条（平均为 84 822 条序列），其中 95.6% 的序列被注释到门水平。在门水平上，大部分序列都属于 10 个主要的细菌门（图4-1）。所有样品中物种相对丰度大于10%的优势门（变形菌纲）均为γ-变形菌纲、α-变形菌纲、酸杆菌门和放线菌门，占所有细菌序列的61.9%～74.6%；而相对丰度较低的门有β-变形菌纲、δ-变形菌纲、绿弯菌门、AD3、WPS-2、芽单胞菌门、GAL15、厚壁菌门和浮霉菌门，相对丰度为0.74%～5.35%。Zhao等（2012）利用PCR-DGGE技术分析茶园土壤细菌的研究也表明酸杆菌门、变形菌门（γ-变形菌纲和α-变形菌纲）是茶园土壤中的优势细菌门，与本研究结果一致。

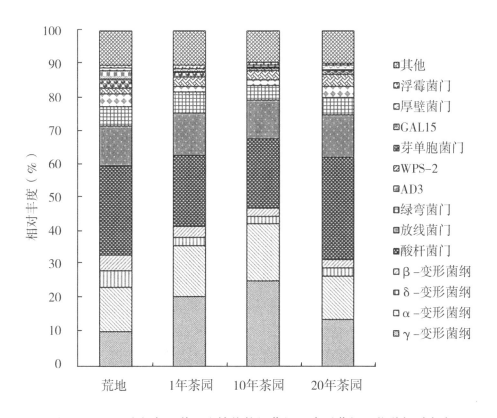

图4-1　不同宿根年限茶园土壤优势细菌门（变形菌纲）物种相对丰度

随着宿根连作年限的增加，γ-变形菌纲和α-变形菌纲的相对丰度呈现出先增加后降低的趋势，最大丰度出现在10年茶园土壤中，20年茶园处理有所下降；酸杆菌门、AD3、WPS-2和厚壁菌门呈现出一直增加的趋势；芽单胞菌门和浮霉菌门在1年茶园土壤中的相对丰度比10年和20年茶园土壤的高。一些研究者提出富营养细菌和寡营养细菌的概念，并指出β-变形菌纲是富营养细菌，与土壤中大量的有效营养相关联；而酸杆菌门则在可利用营养较低的土壤中丰度较高（Fierer et al.,2007）。本研究中，1年和10年茶园土壤有较高相对丰度的变形菌门，20年茶园土壤有较高相对丰度的酸杆菌门，这可能是由于1年和10年茶园土壤养分含量比20年茶园高的原因。同时，本研究表明，γ-变形菌纲和α-变形菌纲的相对丰度也与大量的土壤有效营养相关联。

从整个数据库中共鉴定到273个属。通过分析发现，一些细菌属的相对丰度在各处理之间差异显著（表4-1）。假单胞菌属、产黄杆菌属、盐单胞菌属、康奈斯氏杆菌属的相对丰度都呈现出先增加后降低的趋势，从0年（荒地）到10年茶园土壤中呈增加趋势，在20年茶园土壤中显著下降；慢生根瘤菌属、分枝杆菌属、鞘氨醇单胞菌属的相对丰度从1年茶园到20年茶园土壤中呈现出一直下降的趋势；然而 *Granulicella* 属的相对丰度从0年（荒地）到20年茶园土壤中呈现出一直增加的趋势。Mendes 等（2011）的研究表明，抑病型土壤（Disease-suppressive soil）中的假单胞菌科和产黄杆菌科细菌丰度比利病型土壤（Disease-conducive soil）中更高。其他研究也表明，土壤中假单胞菌属的丰度与植物生长密切相关（Rumberger et al., 2007），假单胞菌属也是拮抗胡椒瘟病病原菌的内生生防菌（Aravind et al., 2009）。此外，慢生根瘤菌属对植物生长有促进作用（Antoun et al., 1998）。分枝杆菌属能适应包括水和土壤在内的各种生境，大部分菌可独立生活，一般为无害的腐生菌（Ventura et al., 2007）。鞘氨醇单胞菌属在烟草的抑病型（抑制黑根腐病）土壤中的丰度比利病型土壤中更高（Kyselková et al., 2009），另外还发现鞘氨醇单胞菌属可作为控制冬小麦病原菌（如镰刀菌）的生物制剂（Wachowska et al., 2013）。目前，关于 *Granulicella* 属细菌的生理和代谢功能还不清楚。总之，随着茶园宿根连作年限的增加，根际土壤中一些对植物生长有益的细菌丰度显著下降。

表4-1　不同宿根年限茶园土壤中相对丰度差异显著的细菌属

属	相对丰度（%）				门/纲
	荒地	1年茶园	10年茶园	20年茶园	
假单胞菌	0.57a	2.56a	6.31a	0.14b	γ-Proteobacteria
Granulicella	0.46d	0.68c	0.90b	1.36a	Acidobacteria
产黄杆菌	0.30b	0.43ab	0.77a	0.59ab	γ-Proteobacteria
慢生根瘤菌	0.77a	0.75ab	0.59ab	0.54b	α-Proteobacteria
分枝杆菌	0.30c	0.54a	0.44ab	0.32bc	Actinobacteria

（续表）

属	相对丰度（%）				门/纲
	荒地	1 年茶园	10 年茶园	20 年茶园	
盐单胞菌	0.38ab	0.38ab	0.54a	0.31b	γ-Proteobacteria
康奈斯氏杆菌	0.10c	0.19a	0.20a	0.13b	Actinobacteria
鞘氨醇单胞菌	0.12a	0.10ab	0.08ab	0.07b	α-Proteobacteria

注：表中仅列出相对丰度＞0.1%，且各处理间差异显著的细菌属；同一行不同字母表示在 0.05 水平差异显著。

二、细菌群落多样性分析

对于细菌群落，茶园土壤（1 年、10 年和 20 年茶园）的丰富度指数（包括物种数、Chao1 和 ACE）和香农多样性指数都比荒地显著下降，但是各茶园土壤处理之间的差异不显著（表 4-2）。另外，稀释曲线也表明茶园土壤的物种数比荒地土壤显著下降（图 4-2）。尽管茶园土壤的养分含量比荒地高，但茶园土壤的细菌丰度和多样性都比荒地低，这个结果与 Zhao 等（2012）的研究结果一致。植物根际细菌丰富度和多样性的减少被认为是一种"根际效应"，即根际分泌物对根际微生物进行营养选择和富集，使根际土壤中的微生物丰度和种类减少。事实上，许多植物如黄瓜、马铃薯、柳枝稷、苹果等均表现出根际微生物多样性比周边土壤有所降低。茶园根际土壤细菌群落受到抑制的原因可能是特殊的酸性根际环境、茶园长期单作制度以及茶树根际抗微生物物质的释放和累积所致。1 年茶园、10 年茶园和 20 年茶园之间的细菌多样性指数没有显著差异，说明茶树的根际效应是决定细菌群落多样性的关键因素。

表 4-2　不同宿根年限茶园根际土壤细菌群落多样性分析

处理	物种数	香农多样性指数	Chao1 指数	ACE 指数
荒地	3 566a	9.35a	4 251a	4 329a
1 年茶园	3 011b	8.70b	3 430b	3 510b
10 年茶园	2 761b	8.29b	3 163b	3 260b

（续表）

处理	物种数	香农多样性指数	Chao1 指数	ACE 指数
20 年茶园	3 007b	8.61b	3 443b	3 510b

注：物种数，Observed species，即样品中含有的物种数目；香农多样性指数，可估算群落多样性的高低；Chao1 指数，估算样品中所含 OTU（Operational taxonomic unit，操作分类单元）数目的指数，指数越大代表样本中所含物种越多；ACE 指数，Abundance-based coverage estimator，基于丰度覆盖的估计量。同一列不同字母表示在 0.05 水平差异显著。

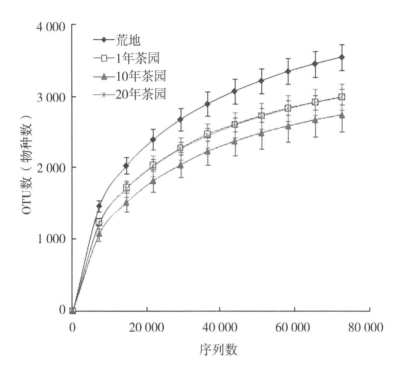

图 4-2 细菌的稀释曲线

三、细菌的群落结构

主坐标分析（PCoA，Principal co-ordinates analysis），是通过一系列的特征值和特征向量排序从多维数据中提取出最主要的元素和结构。样品距离越接近，代表物种组成结构越相似，因此那些群落结构相似度较高的样品往往倾向于聚集在一起，而群落差异较大的样品则会被分开。

　　对于细菌群落，基于 UniFrac-weighted 的主坐标分析表明 4 个处理的细菌群落结构差异显著（图 4-3）。第一主成分和第二主成分分别说明细菌群落变异的 61.76% 和 18.99%。1 年和 10 年茶园土壤的细菌群落结构最相似，都位于第一主成分的右半轴，而荒地、20 年茶园处理位于第一主成分的左半轴，其土壤细菌群落结构与 1 年和 10 年茶园差异较大。同时，根据茶园土壤样品在细菌属水平的物种注释及丰度信息，选取丰度排名前 35 的细菌属，根据其在每个土壤样品中的丰度信息，从物种和样品两个层面进行聚类，绘制成热图（图 4-4）。从细菌物种丰度聚类热图可以发现，1 年茶园、10 年茶园和 20 年茶园土壤样品聚在了一起，与荒地土壤的距离较远；另外，1 年茶园和 10 年茶园土壤样品的细菌群落之间有较高的相似性。可以看出，热图分析结果与主坐标分析结果一致，表明所有的土壤样品之

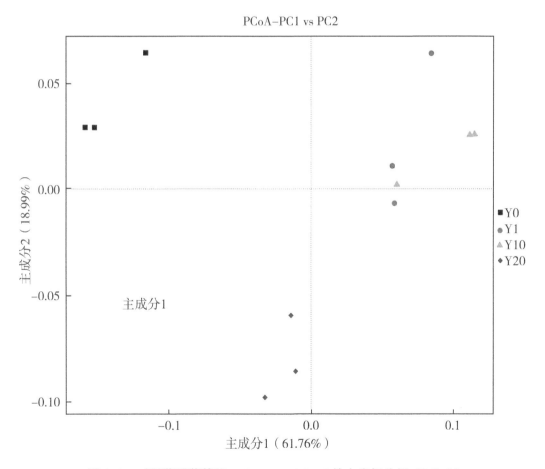

图 4-3　对细菌群落基于 UniFrac-weighted 的主坐标分析（PCoA）

　　注：Y0、Y1、Y10、Y20 分别代表荒地、1 年茶园、10 年茶园和 20 年茶园。

间有不同的细菌群落特征。

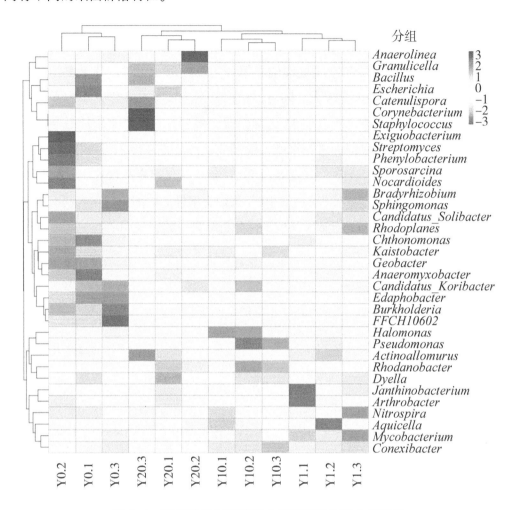

图 4-4　不同宿根年限茶园土壤细菌属物种丰度聚类

注：Y0、Y1、Y10、Y20 分别代表荒地、1 年茶园、10 年茶园和 20 年茶园，每个处理 3 次重复。

四、细菌与土壤性质之间的相关性

Spearman 秩相关分析表明（表 4-3）：γ-变形菌纲、α-变形菌纲、产黄杆菌属、康奈斯氏杆菌属、分枝杆菌属相对丰度与土壤有机碳、全氮、速效氮含量呈显著正相关；而酸杆菌门、β-变形菌纲、δ-变形菌纲、AD3、芽单胞菌门、GAL15 的相对丰度与土壤有机碳、总氮、速效氮含量呈显著负相关。β-变形菌纲、δ-变形菌纲、绿弯菌门、芽单胞菌门、GAL15、慢生根瘤菌属、鞘氨醇单胞菌属的相对丰度与土壤 pH 值呈显著正相关；而 γ-变形菌纲、产黄杆菌属、康奈斯氏杆菌属、*Granulicella* 的相对丰度与土壤 pH 值呈显著负相关。

表 4-3　门/属相对丰度与土壤化学性质之间的 Spearman 秩相关分析

门/属	pH 值	有机碳	全氮	速效氮	全磷	有效磷	全钾	有效钾
γ-变形菌纲	-0.678*	0.916**	0.907**	0.856**	0.655*	0.810**	-0.301	0.511
α-变形菌纲	-0.483	0.762**	0.711**	0.716**	0.361	0.387	0.014	0.378
酸杆菌门	0.196	-0.706*	-0.616*	-0.611*	-0.487	-0.549	0.007	-0.088
放线菌门	-0.112	0.245	0.200	0.309	0.462	0.183	-0.385	0.105
β-变形菌纲	0.846**	-0.622*	-0.578*	-0.719**	-0.361	-0.303	0.538	-0.865**
δ-变形菌门	0.790**	-0.629*	-0.620*	-0.716**	-0.448	-0.444	0.510	-0.799**
绿弯菌门	0.636*	-0.420	-0.410	-0.421	0.067	0.021	0.154	-0.539
AD3	0.476	-0.741**	-0.792**	-0.663*	-0.644*	-0.894**	0.231	-0.256
WPS-2	-0.476	0.287	0.277	0.358	0.511	0.416	-0.776**	0.515
芽单胞菌门	0.888**	-0.650*	-0.634*	-0.716**	-0.291	-0.345	0.483	-0.844**
GAL15	0.741**	-0.930**	-0.876**	-0.905**	-0.627*	-0.655*	0.385	-0.592*
厚壁菌门	0.315	-0.559	-0.518	-0.512	-0.067	-0.437	-0.161	-0.203
浮霉菌门	-0.154	0.287	0.298	0.326	0.385	0.387	0.042	0.270
假单胞菌属	-0.133	0.371	0.340	0.242	0.046	0.387	0.126	0.049
产黄杆菌属	-0.860**	0.706*	0.750*	0.688*	0.193	0.500	-0.259	0.680*
盐单胞菌属	-0.119	0.441	0.343	0.396	0.095	0.141	0.448	0.179
康奈斯氏杆菌属	-0.692*	0.972**	0.942**	0.937**	0.715**	0.810**	-0.350	0.578*
慢生根瘤菌属	0.755**	-0.273	-0.350	-0.267	-0.095	-0.113	0.420	-0.658*
分枝杆菌属	-0.343	0.713*	0.736**	0.611*	0.809**	0.887**	-0.315	0.168
鞘氨醇单胞菌属	0.622*	-0.196	-0.221	-0.196	-0.165	-0.120	0.559	-0.585*
Granulicella	-0.755**	0.364	0.361	0.446	0.259	0.204	-0.664*	0.718**

注：* 和 ** 分别代表显著性水平 $P < 0.05$ 和 $P < 0.01$。

对细菌群落和经过变异膨胀因子筛选后的 4 个土壤环境因子进行冗余分析（Redundancy analysis，RDA）发现，细菌门相对丰度与土壤有机碳（SOC）、pH 值、有效磷（AP）、速效氮（AN）之间存在极显著的相关性（$P=0.008$，蒙特卡洛检验）（图 4-5）。RDA 分析的前两个轴分别说明了细菌门总变异的 66.3% 和 9.1%。RDA 的第一坐标轴与 SOC 高度相关（集合自相关系数 $r=0.845\,1$），然而 RDA 的第二坐标轴与土壤 pH 值高度相关（集合自相关系数 $r=-0.614\,4$）。SOC 能够解释土壤细菌群落变异的 61.46%（$P=0.002$），其次为 pH 值（解释土壤细菌群落变异的 16.67%，$P=0.016$），之后为 AN 和 AP（$P>0.05$）。RDA 分析表明，1 年和 10 年茶园土壤的细菌门丰度与土壤中较高的 SOC、AN、AP 含量相关，20 年茶园土壤的细菌门丰度与土壤 pH 值较相关。

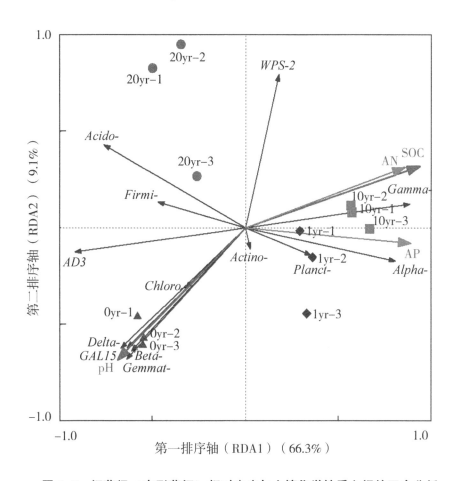

图 4-5　细菌门（变形菌纲）相对丰度与土壤化学性质之间的冗余分析

五、小结与讨论

土壤 pH 值、土壤湿度、可利用碳含量等土壤性质都是微生物群落结构的重要驱动因子（Fierer et al., 2007；Rousk et al., 2010；Brockett et al., 2012）。本研究发现影响细菌门丰度最重要的因子是 SOC，其次是 pH 值（图 4-5）。相关性分析也表明，γ-变形菌纲、α-变形菌纲、γ-变形菌纲的产黄杆菌属都与 SOC、TN、AN 呈显著的正相关；然而，β-变形菌纲和 δ-变形菌纲却与 SOC、TN、AN 呈显著负相关。已有研究发现，β-变形菌纲是富营养细菌，在营养丰富的土壤中大量存在（Fierer et al., 2007）。本研究结果与之相反，原因可能是在本研究土壤环境中 pH 值对该菌群丰度的影响更大（β-变形菌纲和 δ-变形菌纲与 pH 值的相关系数分别为 0.846 和 0.790，均达到极显著水平）。有研究表明，酸杆菌门易受土壤 pH 值的影响（Lauber et al., 2009）。然而，在本研究中酸杆菌门相对丰度与土壤 pH 值之间没有显著的相关性，只有酸杆菌门的 *Granulicella* 属随着土壤 pH 值的降低其相对丰度显著增加（表 4-3）。这个现象可能是由于酸杆菌门的不同菌属与 pH 值之间存在不同的（正的或负的）相关关系（Jones et al., 2009），或者是由于 pH 值变化幅度较小（3.76～5.10）所引起的。

热图分析和主坐标分析都表明，茶树宿根连作引起了细菌群落结构的变异。土壤环境变量会影响微生物群落结构（Lauber et al., 2009），通过 RDA 分析发现，不同宿根年限茶园间微生物群落结构的变异主要是由于土壤化学性质之间的差异引起的。因此推测，茶树长期宿根连作后导致土壤微生物群落结构从原始状态逐渐发生偏移。

总之，随着宿根连作年限的增加，茶园根际土壤细菌群落丰富度和多样性指数比荒地土壤显著下降，但各茶园土壤处理间的变化不显著。此外，γ-变形菌纲、α-变形菌纲、酸杆菌门和放线菌门是茶园土壤的主要优势细菌门/纲，其相对丰度占所有序列的 60% 以上。随着茶树宿根连作年限的增加，一些对植物生长有益的细菌属（如假单胞菌、产黄杆菌、慢生根瘤菌、分枝杆菌、鞘氨醇单胞菌），其相对丰度在 20 年茶园土壤中显著下降。可见，茶树宿根连作导致根际土壤微生物群落结构失衡，微生物多样性水平下降，有益菌数量减少。

第二节　连作年限对茶园土壤真菌群落多样性的影响

一、真菌群落成分分析

对于真菌群落，在移除质量差和短的序列后，12个土壤样本共保留了517 294条序列。每个样品的序列数为37 594～53 283条（平均为43 108条序列），其中90.8%的序列被注释到门水平。在门水平上，大部分序列都属于5个主要的真菌门：子囊菌门、担子菌门、接合菌门、球囊菌门和壶菌门（图4-6）。这5个真菌门的累积相对丰度在荒地、1年、10年、20年茶园土壤中分别为99.9%、81.1%、95.1%、87.0%。其中，子囊菌门相对丰度最高，在所有土样中占到53.4%～90.8%；担子菌门次之，占到8.3%～17.6%。在研究其他类型土壤真菌时发现子囊菌门和担子菌门是丰度最高的真菌门，占到总序列的60%以上（McGuire et al.，2013；Schmidt et al.，2013），与本研究结果一致。与荒地土壤相比，1年、10年和20年茶园土壤的子囊菌门相对丰度显著下降。然而，担子菌门相对丰度从荒地到20年茶园土壤中呈现持续增加的趋势。

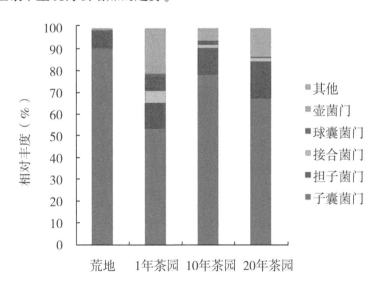

图4-6　不同宿根年限茶园土壤真菌门物种相对丰度

从整个数据库中共鉴定了 202 个属。通过分析发现，一些真菌属的相对丰度在各处理之间差异显著（表 4-4）。链格孢菌属和隐球菌属在 10 年和 20 年茶园土壤的相对丰度都显著高于荒地和 1 年茶园土壤；青霉菌属、虫草属、外瓶霉菌属的相对丰度从荒地到 20 年茶园土壤中呈现出一直增加的趋势；毛壳菌属、弯颈霉菌属、近明球囊霉菌属、棕黑腐质菌霉属、木霉菌属、假拟盘多毛孢菌属的相对丰度从 1 年到 20 年茶园土壤中呈现出持续下降的趋势。

表 4-4 不同宿根年限茶园土壤中相对丰度差异显著的真菌属

属	荒地	1 年茶园	10 年茶园	20 年茶园	门
链格孢菌	0.06c	1.89c	35.93a	13.57b	子囊菌门
青霉菌	0.12b	2.37ab	4.40ab	5.10a	子囊菌门
隐球菌	0.04d	1.06c	2.92a	1.96b	担子菌门
虫草菌	0.00c	0.01c	0.32b	1.81a	子囊菌门
毛壳菌	1.53a	1.97a	1.73a	0.15b	子囊菌门
弯颈霉菌	0.01c	2.23a	0.44b	0.07c	子囊菌门
近明球囊霉菌	0.00c	1.42a	0.59b	0.14c	球囊菌门
棕黑腐质霉菌	0.02b	0.67a	0.11b	0.10b	子囊菌门
木霉菌	0.16b	0.83a	0.31b	0.12b	子囊菌门
外瓶霉菌	0.00c	0.02c	0.44b	0.80a	子囊菌门
假拟盘多毛孢菌	0.00b	0.34a	0.19ab	0.13ab	子囊菌门

注：表中仅列出相对丰度＞0.1%，且在各处理间差异显著的真菌属；同一行不同字母表示在 0.05 水平差异显著。

链格孢菌属被认为是一种主要的植物病原菌，大田作物、园艺作物、林木生产以及农产品采后储存过程中发生的 20%～80% 的农业损失均由该菌引起（Nagrale et al.，2016）。据报道，一株分离自云南茶园土壤的隐球菌属真菌 *Cryptococcus humicola*，具有很高的耐铝性（Kanazawa et al.，2005）。本研究中，在 10 年和 20 年茶园土壤中链格孢菌属的相对丰度增加，可能增加植物发生病害的风险而引起产量损失（Leiminger et al.，2015）。在 10 年和 20 年茶园土壤中隐球菌属的相对丰度增加，则可能是因为土壤中铝浓度增加所引起的一种微生物适应机制。青霉菌属具有溶解矿物质、生物防治的作用，被认为能够产生各类次生代谢物。一些青霉菌种可通过分泌无机或有机酸来溶解磷酸盐，具有植物促生作用（Kucey et al.，1989；Whitelaw，1999；Wakelin et al.，2004）。本研究中简青霉（*Penicillium simplicissimum*）占青霉菌属的 46.65%~93.34%，简青霉被证明具有溶解铝磷酸盐和其他金属磷酸盐的作用（Illmer et al.，1992；Sayer et al.，1995）。木霉菌属作为植物病害的生物防治剂被广泛研究和应用（Hjeljord et al.，1998；Harman et al.，2004；Bailey et al.，2006）。毛壳菌属也具有防治植物病原菌的潜力（Park et al.，2005；Cuomo et al.，2015）。在本研究中，随茶园宿根连作年限的增加，这两种潜在的植物有益真菌的相对丰度呈现下降的趋势。

二、真菌群落多样性分析

对于真菌群落，丰富度指数（包括物种数、Chao1 和 ACE）的变化趋势是 1 年茶园＞10 年茶园＞ 20 年茶园＞荒地（表 4-5）。香农多样性指数在 1 年茶园土壤中最高，荒地、10 年和 20 年茶园土壤之间的差异不显著。另外，稀释曲线也表明物种数在各茶园土壤中的变化趋势为 1 年茶园＞10 年茶园＞20 年茶园＞荒地（图4-7）。土壤微生物丰度和多样性对于维持土壤质量、土壤生态系统功能和可持续性有重要作用（Kennedy et al.，1995）。因此，土壤微生物丰度和多样性的减少可能引起茶树生产力下降。

表 4-5　不同宿根年限茶园根际土壤真菌群落的多样性分析

处理	物种数	香农多样性指数	Chao1 指数	ACE 指数
荒地	317.67d	4.45b	350.70d	359.36d
1 年茶园	556.67a	6.40a	710.36a	644.47a
10 年茶园	475.67b	4.58b	513.46b	522.99b
20 年茶园	399.67c	4.97ab	440.72c	444.06c

注：物种数，Observed species，即样品中含有的物种数目；香农多样性指数，可估算群落多样性的高低；Chao1 指数，估算样品中所含 OTU（Operational taxonomic unit，操作分类单元）数目的指数，指数越大代表样本中所含物种越多；ACE 指数，Abundance-based coverage estimator，基于丰度覆盖的估计量。同一列不同字母表示在 0.05 水平差异显著。

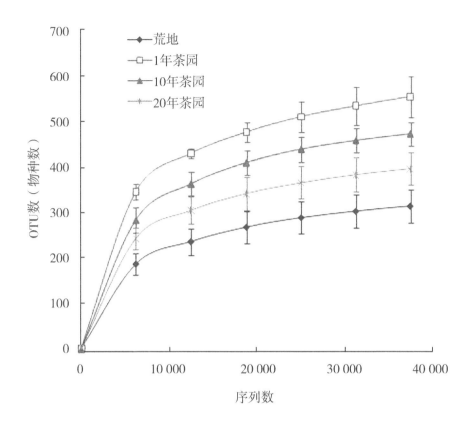

图 4-7　真菌的稀释曲线

三、真菌的群落结构

基于 UniFrac-weighted 的主坐标分析表明 4 个处理的真菌群落结构差异显著（图 4-8）。第一主成分和第二主成分分别说明真菌群落变异的 31.32% 和 20.68%。1 年茶园土壤真菌群落结构在第一主成分上明显区别于荒地土壤。10 年和 20 年茶园土壤的真菌群落结构最相似，在第一和第二主成分上都明显区别于荒地和 1 年茶园土壤。同时，根据茶园土壤样品在真菌属水平的物种注释和丰富度信息，选取丰度排名前 35 的真菌属，绘制成热图（图 4-9）。从真菌物种丰度聚类热图可以发现，1 年茶园和 10 年茶园土壤样品的真菌群落之间有较高的相似性，与荒地和 20 年茶园之间的距离都较远。热图分析结果与主坐标分析结果有一定的差别，主要是由于这两种方法是分别基于 OTU（Operational taxonomic units，操作分类单元）组成和真菌属水平进行的样品间聚类分析所致。

土壤环境变量影响微生物群落结构（Lauber et al.，2009）。本研究中不同宿根年限茶园土壤微生物群落结构发生显著变化，可能是由于不同茶园之间土壤化学性质差异引起的。

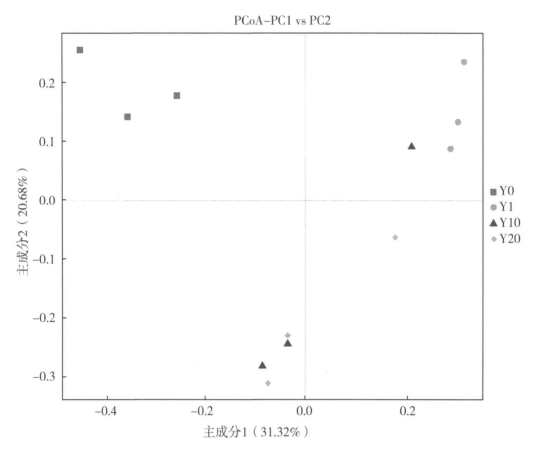

图 4-8　真菌群落基于 UniFrac-weighted 的主坐标分析（PCoA）

注：Y0、Y1、Y10、Y20 分别代表荒地、1 年茶园、10 年茶园和 20 年茶园。

四、真菌与土壤性质之间的相关性

对真菌属和经过变异膨胀因子筛选后的 4 个土壤环境因子进行 RDA 分析发现，真菌属相对丰度与速效钾（AK）、pH 值、交换性铝（EAl^{3+}）和总磷（TP）之间存在极显著的相关性（$P=0.002$，蒙特卡洛检验）（图 4-10）。RDA 分析的前两个轴分别说明了真菌属总变异的 85.4% 和 2.4%。RDA 的第一坐标轴与速效钾（AK）、pH 值、交换性铝（EAl^{3+}）高度相关（集合自相关系数 r 分别为 0.952 6，

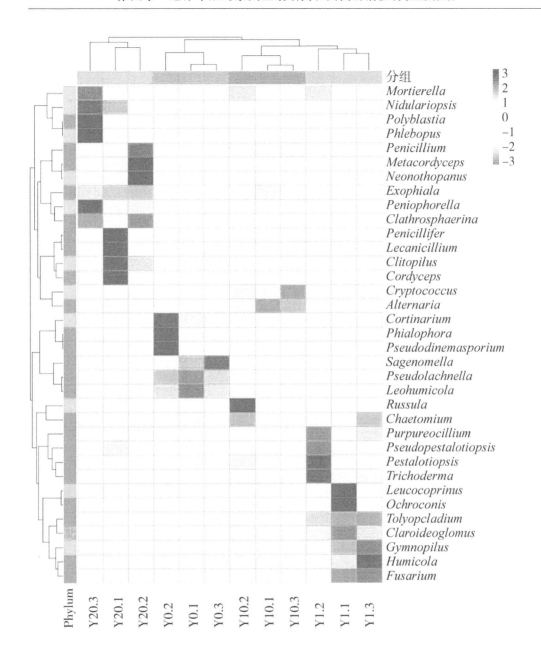

图 4-9　不同宿根年限茶园土壤真菌属物种丰度聚类

注：Y0、Y1、Y10、Y20 分别代表荒地、1 年茶园、10 年茶园和 20 年茶园，每个处理 3 次重复。

−0.851 6 和 0.831 1），然而 RDA 的第二坐标轴与土壤 EAl^{3+} 较相关（集合自相关系数 $r = -0.352\ 6$）。AK 能够解释土壤真菌属变异的 84.4%（$P = 0.002\ 0$），其次为

EAl^{3+}（解释土壤真菌属变异的 1.7%，$P=0.338$），之后为 pH 值和 TP（$P>0.05$）。RDA 分析表明，10 年和 20 年茶园土壤的真菌属丰度与土壤中较高的 AK 和 EAl^{3+} 以及较低的 pH 值相关。

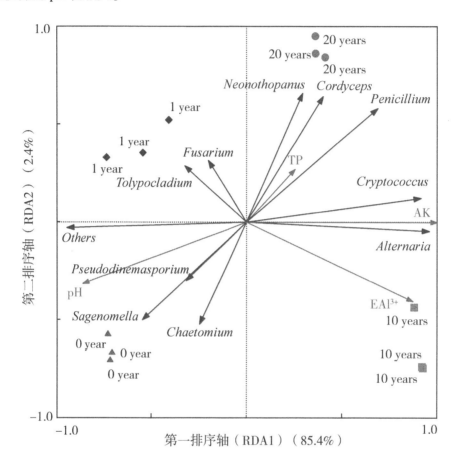

图 4-10　真菌属相对丰度与土壤性质之间的冗余分析

五、小结与讨论

在本研究中，10 年茶园和 20 年茶园土壤与速效钾和交换性 Al^{3+} 有较大的相关性，同时与链格孢菌属和青霉菌属有较大的相关性（图 4-10）。虽然 10 年茶园土壤养分含量较高，但其土壤 pH 值较低，在土壤酸化和铝含量增加等压力条件下，土壤中病原真菌链格孢菌属显著增加。随着宿根连作年限的增加，20 年茶园土壤中具有溶解矿物质和生物防治功能的青霉菌属持续增加，而链格孢菌属数量有所下降，这可能与土壤微生物可通过自我调整来适应茶园酸性环境和其他环境压力有关。

　　总之，随着宿根连作年限的增加，茶园根际真菌群落的丰富度和多样性指数表现出显著下降的趋势，1 年茶园＞10 年茶园＞20 年茶园＞荒地。此外，子囊菌门和担子菌门是茶园土壤的主要优势真菌门，其相对丰度分别占到所有序列的53.4%～90.8%和8.3%～17.6%。随着茶树宿根连作年限的增加，植物病原真菌链格孢菌属在 10 年和 20 年茶园土壤中的相对丰度较荒地和 1 年茶园土壤显著增加。可见，茶树宿根连作导致根际土壤微生物群落结构失衡，微生物多样性水平下降，病原菌数量增多。

参考文献

ANTOUN H, BEAUCHAMP C J, GOUSSARD N, et al., 1998. Potential of *Rhizobium* and *Bradyrhizobium* species as plant growth promoting rhizobacteria on non-legumes: effect on radishes (*Raphanus sativus* L.) [J]. Plant and Soil, 204 (1): 57-67.

ARAVIND R, KUMAR A, EAPEN S J, et al., 2009. Endophytic bacterial flora in root and stem tissues of black pepper (*Piper nigrum* L.) genotype: isolation, identification and evaluation against *Phytophthora capsici* [J]. Letter in Applied Microbiology, 48 (1): 58-64.

BAILEY B A, BAE H, STREM M D, et al., 2006. Fungal and plant gene expression during the colonization of cacao seedlings by endophytic isolates of four *Trichoderma* species [J]. Planta, 224 (6): 1449-1464.

BROCKETT B F, PRESCOTT C E, GRAYSTON S J, 2012. Soil moisture is the major factor influencing microbial community structure and enzyme activities across seven biogeoclimatic zones in western Canada [J]. Soil Biology & Biochemistry, 44, 9-20.

CUOMO C A, UNTEREINER W A, MA L J, et al., 2015. Draft genome sequence of the cellulolytic fungus *Chaetomium globosum* [J]. Genome Announcements, 3 (1): e00021-00015.

FIERER N, BRADFORD M A, JACKSON R B, 2007. Toward an ecological classification of soil bacteria [J]. Ecology, 88 (6): 1354-1364.

HARMAN G E, HOWELL C R, VITERBO A, et al., 2004. *Trichoderma* species-opportunistic, avirulent plant symbionts [J]. Nature Reviews Microbiology, 2 (1): 43-56.

HJELJORD L, TRONSMO A, 1998. *Trichoderma* and *Gliocladium* in biological control: an overview//Harman G E, Kubicek C P. *Trichoderma* and *Gliocladium*, vol 2: enzymes, biological control and commercial application [M]. London: Taylor and Francis: 131-151.

ILLMER P, SCHINNER F, 1992. Solubilization of inorganic phosphates by microorganisms isolated from forest soils [J]. Soil Biology and Biochemistry, 24 (4): 389-395.

JONES R T, ROBESON M S, LAUBER C L, et al., 2009. A comprehensive survey of soil acidobacterial diversity using pyrosequencing and clone library analyses [J]. The ISME Journal, 3 (4): 442-453.

KYSELKOVÁ M, KOPECKÝ J, FRAPOLLI M, et al., 2009. Comparison of rhizobacterial community composition in soil suppressive or conducive to tobacco black root rot disease [J]. The ISME Journal, 3 (10): 1127-1138.

KANAZAWA S, CHAU N T T, MIYAKI S, 2005. Identification and characterization of high acid tolerant and aluminum resistant yeasts isolated from tea soils [J]. Soil Science and Plant Nutrition, 51 (5): 671-674.

KUCEY R M N, LEGGETT M E, 1989. Increased yields and phosphorus uptake by Westar canola (*Brassica napus* L.) inoculated with a phosphate - solubilizing isolate of *Penicillium bilaji* [J]. Canadian Journal of Soil Science, 69 (2): 425-432.

KENNEDY A C, SMITH K L, 1995. Soil microbial diversity and the sustainability of agricultural soils [J]. Plant and Soil, 170 (1): 75-86.

LAUBER C L, HAMADY M, KNIGHT R, et al., 2009. Pyrosequencing - based assessment of soil pH as a predictor of soil bacterial community structure at the continental scale [J]. Applied and Environmental Microbiology, 75 (15): 5111-5120.

LEIMINGER J, BÄßLER E, KNAPPE C, et al., 2015. Quantification of disease progression of *Alternaria* spp. on potato using real－time PCR ［J］. European Journal of Plant Pathology, 141 （2）: 295-309.

MENDES R, KRUIJT M, DE BRUIJN I, et al., 2011. Deciphering the rhizosphere microbiome for disease-suppressive bacteria ［J］. Science, 332 （6033）: 1097-1100.

MCGUIRE K L, PAYNE S G, PALMER M I, et al., 2013. Digging the New York City skyline, soil fungal communities in green roof sand city parks ［J］. PLoS ONE, 8 （3）: e58020.

NAGRALE D T, SHARMA L, KUMAR S, et al., 2016. Recent diagnostics and detection tools: implications for plant pathogenic *Alternaria* and their disease management ［M］. Current Trends in Plant Disease Diagnostics and Management Practices: 111-163.

PARK J H, CHOI G J, JANG K S, et al., 2005. Antifungal activity against plant pathogenic fungi of chaetoviridins isolated from *Chaetomium globosum* ［J］. FEMS Microbiology Letter, 252 （2）: 309-313.

RUMBERGER A, MERWIN I A, THIES J E, 2007. Microbial community development in the rhizosphere of apple trees at a replant disease site ［J］. Soil Biology and Biochemistry, 39 （7）: 1645-1654.

ROUSK J, BÅÅTH E, BROOKES P C, et al., 2010. Soil bacterial and fungal communities across a pH gradient in an arable soil ［J］. The ISME Journal, 4 （10）: 1340-1351.

SCHMIDT P A, BÁLINT M, GRESHAKE B, et al., 2013. Illumina metabarcoding of a soil fungal community ［J］. Soil Biology and Biochemistry, 65 （5）: 128-132.

SAYER J A, RAGGETT S L, GADD G M, 1995. Solubilization of insoluble metal compounds by soil fungi: development of a screening method for solubilizing ability and metal tolerance ［J］. Mycological Research, 99 （8）: 987-993.

VENTURA M, CANCHAYA C, TAUCH A, et al., 2007. Genomics of Actinobacteria: tracing the evolutionary history of an ancient phylum ［J］. Microbiology and Molecular Biology Reviews, 71 （3）: 495-548.

WACHOWSKA U, IRZYKOWSKI W, JęDRYCZKA M, et al., 2013. Biological control of winter wheat pathogens with the use of antagonistic *Sphingomonas* bacteria under greenhouse conditions ［J］. Biocontrol Science and Technology, 23 （10）: 1110-1122.

WHITELAW M A, 1999. Growth promotion of plants inoculated with phosphate solubilizing fungi ［J］. Advances in Agronomy, 69: 99-151.

WAKELIN S A, WARREN R A, HARVEY P R, et al., 2004. Phosphate solubilization by *Penicillium* spp. closely associated with wheat roots ［J］. Biology and Fertility of Soils, 40 （1）: 36-43.

ZHAO J, WU X, NIE C, et al., 2012. Analysis of unculturable bacterial communities in tea orchard soils based on nested PCR－DGGE ［J］. World Journal of Microbiology and Biotechnology, 28 （5）: 1967-1979.

第五章 茶树连作障碍发生机制及其成因分析

茶树多年宿根连作后茶园土壤退化严重，茶叶产量和品质大幅下降，大部分农民试图通过增施氮肥、喷施农药来维持茶叶的产量，然而过量地使用化肥、农药不仅提高了茶叶生产成本，而且还导致茶叶农药残留超标、土壤微环境破坏加剧、茶园生态功能退化等一系列问题，严重制约了我国茶叶的可持续生产。面对如何维持茶树高产高质这一科学难题，连作障碍发生机制及其调控技术成为当前茶树栽培亟待解决的重要内容，是国内外同行研究的前沿热点。为此，本章首先从土壤养分失衡、土壤酸化、自毒作用、土壤微生物群落结构失衡、根际微生态等方面概述了茶树连作障碍发生的可能机制，其次运用气相色谱质谱联用技术（Gas chromatography-mass spectrometry，GC-MS）和高效液相色谱技术（High performance liquid chromatography，HPLC）分析连作铁观音茶树根系分泌物变化，同时，在室内模拟连作障碍条件下研究酚酸类物质对铁观音茶树根际病原菌及其拮抗菌的生态效应，为深入揭示铁观音茶树连作障碍形成的分子生态学机理提供理论依据。

第一节 茶树连作障碍成因分析

作物连作障碍被认为是植物有机体与土壤内含物诸多因素综合作用结果的外观表现，其产生的原因十分复杂。目前普遍认为导致连作障碍的原因主要有以下三个方面：①土壤理化性质改变；②植物活体通过淋溶、残体分解、根系分泌等方式向土壤释放自毒物质而产生自毒作用；③土壤微生物群落结构失衡，病原微生物数量增加，病虫害严重（表5-1）。

表 5-1　茶树连作障碍发生的可能机制

可能机制	主要特点	参考文献
土壤理化性质改变	（1）土壤养分失衡，引起茶树的生理障碍	王建锋 等，2006
	（2）土壤酸化，可溶性铝含量增加，直接对茶树产生毒害，或通过抑制植物对养分（如钾、镁等）的吸收，影响茶树产量和品质；土壤酸化引起微生物种群变化间接影响茶树生长	阮建云，2000；王涵 等，2008；魏国胜 等，2011
自毒作用	（1）植株通过挥发、雨水淋溶、植株残体分解以及根系分泌等途径向周围环境释放化感物质对其自身产生毒害作用	曹潘荣 等，1996；林文雄 等，2007；王海斌 等 2016；Ye et al.，2016；Arafat et al.，2017
	（2）化感物质作为诱因，通过改变根际微生态平衡，影响植株地下部和地上部的生长发育	Kaur et al.，2009；林文雄 等，2012
土壤微生物群落结构失衡	群落多样性降低，土壤中一些有益微生物（如假单胞菌、产黄杆菌、慢生根瘤菌、分枝杆菌、鞘氨醇单胞菌、固氮菌等）数量减少，而有害微生物（如链格孢菌）增多成为优势菌群	林生 等，2013；Li et al.，2016，2017；田永辉，2000
根际微生态系统失调	植物—土壤—微生物系统内多种胁迫因子综合作用	Inderjit，2011；Weston，2011

一、土壤理化性质改变

1. 土壤养分失衡

作物生长所必需的各种营养元素之间存在一定比例，在同一块土地上多年连续栽培同一种作物时，由于作物对某一同种营养元素的特异性吸收过多，而对另外一些营养元素吸收过少或不吸收，而施肥管理又未能按作物对营养元素的需求进行及时补充，就会导致一种或几种营养元素的超量或亏缺，引起作物的生理障碍，导致连作障碍发生（王建锋 等，2006）。根据茶叶中 N、P_2O_5、K_2O 养分元素含量的比例（1：0.22：0.56），结合茶园土壤状况，各产茶国对成龄采摘茶园施肥都有一定的推荐标准，如斯里兰卡为 1：0.16：0.5，肯尼亚为 1：0.25：0.25 或 1：0.5：0.5，我国绿茶产区则推荐 1：（0.25~0.5）：（0.25~0.5）（阮建云 等，2001）。

但是，为追求茶叶产量，茶农普遍增施大量氮肥，不施或少施磷肥、钾肥，导致大量茶园土地缺乏有效磷、有效钾的状况日趋严峻，极易造成土壤中氮、磷、钾 3 种元素比例严重失调。阮建云等（2001）对我国典型茶区浙江西湖区、浙江新昌和福建安溪茶园的养分投入进行调查发现，3 个茶区投入的氮、磷、钾养分比例平均仅为 1 :（0.1～0.2）:（0.1～0.2），偏施氮肥现象比较严重，磷、钾的投入相对不足，特别是缺钾现象比较严重。王晟强等（2013）发现，长期种植老川茶后土壤团聚体全氮、碱解氮、全磷和有效磷含量增加，速效钾含量却逐年降低，在茶园的生产管理中，需平衡用氮、钾肥。有研究发现，长期种植茶树导致土壤养分的累积（即所谓的营养封存）（Xue et al., 2006; Zhao et al., 2012），相反地，也有研究发现长期栽培茶树导致茶园土壤养分匮乏（Dang, 2002; Li et al., 2016）。因此，有关土壤养分失衡与茶树连作障碍的关系尚不明确。

2. 土壤酸化

我国不同地区茶园都表现出土壤酸化加重，适宜茶树生长的茶园比例不断减少。对福建省 107 个典型茶园土壤的调查发现，土壤 pH 值<4.5 的茶园占 86.9%，而其中 pH 值<4.0 的严重酸化茶园占 28%，pH 值在 4.50～5.50 符合高效生产条件的茶园占 10.3%，pH 值>5.5 的占 2.8%（杨冬雪 等，2010）。对江西省 203 个代表性茶园调查发现，茶园土壤 pH 值整体较酸，pH 值低于 4.5 的强酸性茶园占到 43%（孙永明 等，2017）。2008—2010 年江苏省 21 个典型茶园土壤 pH 值低于茶树生长适宜范围下限 pH 值 4.5 的茶园占 81.9%，其中 pH 值低于 4.0 的茶园比例达 42.8%（张倩 等，2011）。对湖南省 10 个丘岗茶园土壤的调查分析发现：10 个茶园土壤平均 pH 值低于 4.0，其中 3 个茶园的土壤 pH 值低于 4.5，土壤酸化十分严重（黄运湘 等，2010）。

茶树为喜酸作物，最适宜茶树生长的土壤 pH 值为 5.0～6.0，pH 值低于 4.5 时茶树生长受到抑制，产量和品质受到影响。研究发现，随着种植年限增加，茶园土壤 pH 值下降，可溶性铝含量增加，当可溶性铝达到一定浓度时，可能直接对茶树产生毒害，包括抑制茶树根系的生长，也可能通过抑制植物对养分（如钾、镁等）的吸收，影响茶树的产量和品质（阮建云，2000）。另外，土壤根表和根际中存在大量有利于植物生长的微生物，如固氮菌、促进作物生长的细菌、腐生微生物、生物电控制微生物、菌根和真菌等。土壤酸度是除真菌外其他有益微生物活性的重要限制因子，比如低 pH 值会降低根瘤菌的活性和繁殖能力，甚至丧失固氮的能力。因此，土壤酸化还会对土壤微生物群落产生影响，从而直接或间接影响作物的生长（王涵 等，2008；魏国胜 等，2011）。

二、自毒作用

自毒作用是化感作用的一种特殊作用方式，指植株通过挥发、雨水淋溶、植株残体分解以及根系分泌等途径向周围环境释放化感物质，这些化感物质可对其自身产生毒害作用，被认为是连作障碍发生的重要因素之一（林文雄 等，2007）。曹潘荣等（1996）认为，茶园土壤中能积累茶树自毒物质，并在一定程度上对茶树起毒害作用，还指出多酚类和咖啡碱是茶树自毒作用的主要物质。王海斌等（2016）研究发现，随着种植年限增加，黄金桂茶树根部土壤的自毒潜力呈上升趋势。Ye 等（2016）研究发现，宿根连作 9 年以上的茶树（包括铁观音、黄金桂、本山）的根际土壤有较强的自毒作用，是引起茶树产量和品质下降的重要原因。Arafat 等（2017）在铁观音茶树根系分泌物中鉴定到原儿茶酸、表没食子儿茶素、表没食子儿茶素没食子酸酯、表儿茶素、（+）-儿茶素、表儿茶素没食子酸酯、花旗松素等7 种物质，并认为（+）-儿茶素对宿根连作茶树根际细菌群落结构变化的影响较大。有学者认为，植物根系分泌的自毒物质进入土壤后势必发生一系列的物理、化学及生物学变化过程，如土壤吸附、微生物分解、转化、加工等，即自毒物质并不是在前、后茬作物间直接发挥毒害作用，化感自毒物质只是一个诱因，根系分泌物更多的是通过改变根际微生态平衡来间接影响植物地下部和地上部的生长发育（Kaur et al.，2009）。因此，一些学者认为根系分泌物的间接生态效应及其引起的土壤微生态结构失衡是导致植物连作障碍的主要因素（林文雄 等，2012）。

三、土壤微生物群落结构失衡

目前，大多数的学者认为土壤微生物区系的恶化以及微生物种群的失衡，即土壤中一些有益微生物数量减少，而有害微生物增多成为优势菌群，是产生连作障碍的重要因素。许多作物如辣椒、草莓、花生、黄瓜、茄子等连作后，细菌和放线菌在根际土壤中的数量下降，相反地，真菌在根际土壤中的数量显著增加，根际土壤微生物区系发生了从"细菌型"向"真菌型"的变化，一些病原菌增加，导致作物发生了严重的病害（孙秀山 等，2001；胡元森 等，2006；袁龙刚 等，2006；周

宝利 等，2010；Li et al.，2012)。随着连作年限增加，茶树根际土壤微生物群落结构会发生大幅度变化，如土壤微生物量减少、群落多样性降低、代谢能力低或者是更适合贫瘠条件的微生物菌群增多，根际土壤环境质量出现整体下降趋势（林生等，2013)。李艳春等（2016，2020）研究发现，随着种植年限增加，铁观音茶树根际土壤微生物种群的丰富性指数、均匀度指数、香农多样性指数都明显降低，一些对植物生长有益的细菌属（如假单胞菌、产黄杆菌、慢生根瘤菌、分枝杆菌、鞘氨醇单胞菌）急剧减少，而某些病原真菌数量（如链格孢菌）却不断增多。对连作茶树根际固氮菌的研究发现：青壮年茶树根际的固氮菌种类和数量丰富，群落结构复杂稳定、均匀、优势度不明显，而衰老茶树根际的固氮菌种类和数量相对较少，群落结构也变得单一、离散、优势度明显（田永辉，2000)。此外，一些学者对茶树根际微生物种群间的拮抗关系也进行了研究。通过同皿对峙培养实验发现木霉菌对茶紫纹羽病毒和茶白绢病菌具有抑制作用（高旭晖，2000)。但目前对连作茶树根际微生物的研究还停留在现象描述上，是哪些关键的特异微生物在茶树连作障碍形成的根际生物学过程中扮演重要角色尚不清楚。

四、根际微生态与连作障碍

根际微生态系统是以植物为主体，根际为核心，植物—土壤—微生物及其环境条件相互作用过程为主要内容的生态系统（滕应 等，2015)。在根际微生态系统中，植物、土壤、微生物及其环境因子之间通过能流、物流和信息流的相互作用、相互制约而形成了一个具有高度组织性的复杂整体。作物连作后，一方面可导致土壤中某些养分的缺乏，进而影响作物生长发育；另一方面作物根系不断地向土壤中分泌根系分泌物，会对作物根系造成逆境胁迫、自毒作用，导致作物生长发育受阻。土壤根系分泌物累积等根际土壤微环境变化，会造成根际土壤微生物的选择性适应，使得某些特定微生物类群得到富集，最终改变土壤中微生物种群的平衡。如寄主植物番茄根分泌物中的多种有机酸和氨基酸对青枯病菌（*Pseudomonas solanacearum*）具有化学诱导作用（趋化作用）（李春俭 等，2008)；黄瓜植株根系分泌物的化感自毒物质肉桂酸抑制根系生长，增加黄瓜枯萎病（*Fusarium oxysporum*）的发病率（Ye et al.，2006)；外源添加黄瓜自毒物质——香豆酸对根际土壤微生物群落结构产生显著影响，使得厚壁菌门、β-变形菌门等细菌大量增加，拟杆菌门、δ-变形菌门、浮霉菌门等细菌显著减少，同时还造成土壤中病原菌（如尖孢镰刀菌等）大量繁殖增长（Zhou et al.，

2012）；西瓜根系分泌物中的精氨酸、组氨酸和苯丙氨酸可诱导多黏类芽孢杆菌 SQR-21 对西瓜根系的趋化性并促进其在西瓜根际的有效定殖（沈怡斐 等，2017）。反过来，根际微生物也能影响根系分泌物的组分和数量。如立枯丝核菌（*Rhizoctonia solani*）感染黄瓜后，黄瓜根中茉莉酸和水杨酸的含量显著增加，诱导植株对病原菌做出防御性反应（李春俭 等，2008）；Lakshmanan 等（2012）研究还发现，番茄叶片受到病原菌侵染后，可通过调节根系分泌物组分与含量，如增加根系苹果酸分泌释放量，使更多的苹果酸进入根际，从而招募更多的有益菌向根际聚集，这些有益菌可进一步引发植物的诱导性系统抗性（Induced systemic resistance），以对病原菌产生防御反应。Zhalnina 等（2018）研究发现，植物根系分泌物中有活力的化学成分和微生物的底物偏好性协同驱动根际微生物群落的组装模式，促进植物自身生长。林文雄教授的研究团队通过对地黄、太子参、烟草等作物连作下的根际微生态特性研究发现，在根系特定组分分泌物的介导下，土传病原菌等微生物类群大量繁殖，同时抑制其他有益微生物（如假单胞菌等拮抗菌）的生长，进而改变了作物根系分泌物的组分和含量，为趋化性病原微生物提供更多的碳源、能源，使病原微生物大量增殖，导致连作障碍发生（陈冬梅 等，2010；李振方，2011；吴林坤 等，2014；吴红淼，2018）。可见，根系分泌物在植物—土壤—微生物之间的根际对话中充当重要作用，通过直接或间接方式对土壤微生物起着重塑作用。

导致连作障碍发生的因素不是单一或孤立的，而是相互关联又相互影响的，是植物—土壤—微生物系统内多种胁迫因子综合作用的结果。这种观点也是 2011 年第六届世界化感作用大会与第三届国际根际会议的主流思想（Inderjit，2011；Weston，2011）。因此，对连作障碍机理的研究必须建立在根际微生态系统功能的水平上，若仅从植物自身、土壤微生物和根系分泌物等的某个方面进行研究，很难反映出导致连作障碍的成因。目前，对茶树连作障碍的研究已取得一些成果，但缺乏系统研究。茶树根系分泌物如何介导根际微生物区系定向演变、哪些根系分泌物起主导作用以及关键的特异微生物如何在连作障碍形成的根际生态学过程中扮演重要角色尚不清楚，这些都是亟待解决的关键科学问题。

第二节　不同宿根连作年限茶树根系分泌物变化

植物生长过程中根系不同部位分泌或释放到根际周围的初生和次生代谢物质统

称为根系分泌物（Walker et al., 2003）。根系分泌物包括低分子量有机物质（如糖、氨基酸和有机酸），高分子的黏胶物质（包括蛋白质、酶和多糖），根细胞脱落物及其分解产物以及气体、质子和养分离子等。根系分泌物主要来源于地上部的光合产物，是调控一系列根际生物过程和非生物过程的重要物质（Chomel et al., 2016）。在受环境胁迫时（如干旱缺水、养分缺乏、机械阻抗或缺氧等），都会引起根系分泌物数量和比例的增加。根系分泌物的营养作用主要表现在：活化土壤养分，如柠檬酸、苹果酸和麦根酸等通过酸化土壤、改变氧化还原电位、螯合等方式，增加土壤中磷、铁、锰、铜等养分的有效性及移动性；抵御过量的铁、铝、锰以及重金属元素对根系的毒害作用，如粘胶中的高分子有机物对有毒元素有明显的阻滞作用；通过根系分泌物为微生物繁殖提供能源和碳源，大幅度增加根际微生物数量和活性，间接影响养分的有效性。另外，根系分泌物含有介导植物相互作用的化学信号物质，有些信号物质不仅在相邻植物感知、识别中发挥作用，还会改变土壤微生物群落结构。例如，由挥发性有机化合物（Volatile organic compounds, VOCs）介导的植物间信号物质可以通过菌丝网络或特定微生物在植物间的传播，帮助植物抵御病原菌或影响根系分布（Mhlongo et al., 2018）。

目前对于宿根连作铁观音茶树根系分泌物的研究较少，自然连作状况下茶树根系分泌物组分、含量以及与微生物群落之间的关系尚不清楚，有待于进一步深入研究。因此，本研究利用原位取土法收集不同宿根年限（0 年、1 年、10 年、20 年）的铁观音根际土，借助气相色谱—质谱联用技术（GC-MS）分析和鉴定不同连作年限铁观音茶树根系分泌物的化学组分及其含量变化，筛选影响连作障碍的关键根系分泌物，为进一步揭示铁观音茶树连作障碍机理提供一些理论依据。

一、根系分泌物的收集和鉴定方法

对根系分泌物进行物质种类及其含量鉴别前需进行根系分泌物的收集。以培养植物方式的不同，可以分为水培收集、土培收集和基质培收集；以培养体系是否灭菌，可以分为密闭无菌体系收集和敞开体系收集；以是否在原位条件下收集，可以分为原位根系收集和扰动根系收集。上述方法中，在密闭无菌条件下收集到的根系分泌物能较为准确地反映分泌物中有机物质的总量；在土培条件原位收集法获得的根系分泌物则能较为真实地反映根系分泌物的实际情况。所以，根据不同的实验目的，研究者可采取相应适宜的收集方法（刘芷宇 等，1997；李汛 等，2013）。

高效液相色谱（HPLC）、气相色谱—质谱联用（GC-MS）、高效液相色谱—质谱联用（HPLC-MS）是用于根系分泌物鉴别的主要技术。对于已知的、主要的组分，可以采用高效液相色谱技术进行定性、定量的分析；对于极微量的、未知的组分则可以采用色谱—质谱联用技术进行鉴定。用质谱法作为气相色谱（GC）的检测器已经成为一项标准化技术被广泛使用，在有机混合物质的分析方面发挥着重要的作用。根系分泌物中，大多数组分都带有羟基、羧基、胺基等极性较强的官能团，因此首先要将样品硅烷化，再使用 GC-MS 测定混合物，可了解有机混合物的组成及大致的相对含量情况（Yu et al.，1994；Wu et al.，2001）。

二、根系分泌物的 GC-MS 分析

通过 GC-MS 分析，首先得到不同种植年限铁观音茶树根系分泌物的总离子流色谱（图 5-1）。不同种植年限铁观音茶树根系分泌物成分的出峰时间和丰度都有明显区别。

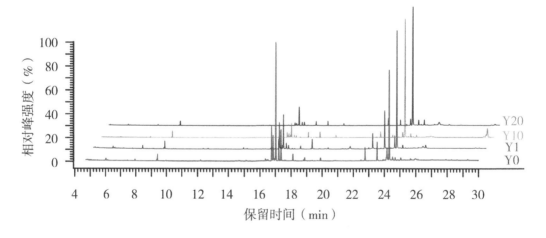

图 5-1　不同种植年限铁观音茶树根系分泌物的总离子流色谱

注：Y0、Y1、Y10、Y20 分别代表荒地、1 年茶园、10 年茶园和 20 年茶园。

用 GC-MS 检测到铁观音根系分泌物中共有 52 种代谢物，其中有机酸 13 种（25%）、糖类 11 种（21%）、醇类 16 种（31%）、甾醇 4 种（8%）、酚酸类 2 种（4%）、二萜类 1 种（2%）以及其他有机物 5 种（10%）（表 5-2）。用差异倍数（FC）表示初始值到最终值的变化程度，对差异倍数取对数表示差异的相对变化趋势。相对于荒地（CK），不同种植年限下铁观音茶树根系分泌物的含量变化趋势见表 5-2。

表 5-2 不同种植年限铁观音茶树根系分泌代谢物成分及差异倍数

代谢物	$\log_2 FC$			代谢物	$\log_2 FC$		
	1年茶园	10年茶园	20年茶园		1年茶园	10年茶园	20年茶园
有机酸类				阿拉伯糖醇	−0.09	−0.33	2.01
乳酸	0.04	−0.45	−0.17	甘露醇	−3.03	−2.56	−2.10
羟基乙酸	1.49	1.03	0.27	山梨（糖）醇	−0.35	0.94	1.64
2-羟基丁酸	0.01	0.46	−0.05	十八醇	−0.47	2.90	1.43
DL-β-羟基丁酸	0.03	1.60	1.09	芥子醇	1.00	3.46	2.01
琥珀酸	−0.98	−0.55	−0.85	肌醇	1.76	2.05	1.22
壬酸	0.02	−0.17	−0.05	二十醇	−0.08	2.48	1.70
十五酸	−1.41	−1.46	−1.75	二十二醇	−0.51	2.18	0.81
棕榈酸	−0.65	1.18	0.44	2-单戊二酰甘油	0.30	0.76	1.16
十七（烷）酸	−0.19	1.56	0.76	1-单十六烷基甘油	0.16	0.06	0.17
9-（Z）-十八烯酸	−1.11	0.68	0.18	2-单硬脂酰甘油	0.00	0.82	1.22
十八烷酸	−0.67	1.08	0.39	1-单十八烷基甘油	0.09	0.04	0.22
花生酸	0.14	0.43	−0.15	二十九醇	0.40	4.29	3.17
葡萄糖酸	−1.25	1.79	0.85	**甾醇**			
糖类				胆固醇	−0.43	1.03	0.32
赤藓糖	2.33	−0.16	−0.65	菜油甾醇	−1.10	−0.24	−1.05
木糖	1.61	−0.96	−1.86	豆甾醇	−0.98	0.76	−0.70
核糖	−0.74	0.25	−0.47	β-谷甾醇	−0.86	0.39	−0.73
果糖	0.03	−1.47	−2.95	**酚酸**			
甘露糖	−1.50	−1.54	−1.81	苯甲酸	0.47	1.61	0.74
半乳糖	−1.49	−1.58	−1.84	4-羟基-3-甲氧基苯甲酸	0.00	3.01	3.11
葡萄糖	−1.55	−1.62	−1.88	**二萜类**			
麦芽糖	0.25	0.96	0.81	脱氢枞酸	0.12	4.22	2.88
异麦芽糖	−2.38	0.98	1.62	**其他**			
肌醇半乳糖苷	−0.95	0.92	1.41	尿嘧啶核苷	0.39	0.78	0.00
蔗糖	0.84	−1.42	−1.26	腺苷	1.05	0.98	0.40
醇类				维生素E	0.68	3.07	1.01
甘油	0.13	1.08	0.20	β-淀粉蛋白	3.14	8.58	5.23
赤藻糖醇	−1.78	−0.99	0.95	磷酸	−3.41	−4.48	−4.64
木糖醇	−2.48	−2.36	−1.34				

三、根系分泌物的差异代谢物筛选

采用 PLS-DA（Partial least squares-discriiminate analysis，偏最小二乘法—判别分析）对不同种植年限铁观音根系分泌物的代谢组数据进行简化、降维和判别分析。结果表明：不同种植年限铁观音的根系分泌物呈现明显的分组，PLS-DA 对于自变量 X 和因变量 Y 的拟合度分别为 $R^2X = 0.983$，$R^2Y = 0.991$，预测度 $Q^2 = 0.976$，说明模型拟合效果较好（图 5-2）。在 200 次的置换检验中随机排列产生的 R^2 和 Q^2 值都小于原始值，直线斜率大，表明 PLS-DA 模型没有出现过拟合，该模型较为可靠，能够依据 VIP 值筛选差异代谢物。

为进一步找到不同处理间主要差异代谢物，根据 PLS-DA 第一主成分变量投影重要性值（VIP 值）结合方差分析筛选差异代谢物（VIP 值＞1 且 $P < 0.05$），得到 18 种主要差异代谢物（表 5-3）。随着种植年限的增加，5 个醇类化合物（2-单戊二酰甘油、2-单硬脂酰甘油、二十醇、二十九醇、木糖醇）、3 个糖类化合物（肌醇半乳糖苷、异麦芽糖和麦芽糖），以及 4-羟基-3-甲氧基苯甲酸、DL-β-羟基丁酸、十七（烷）酸的相对含量呈现上升的趋势。相反地，4 个糖类化合物（果糖、半乳糖、葡萄糖、甘露糖）、甘露醇、十五酸、磷酸的相对含量随着种植年限的增加呈现出下降的趋势。

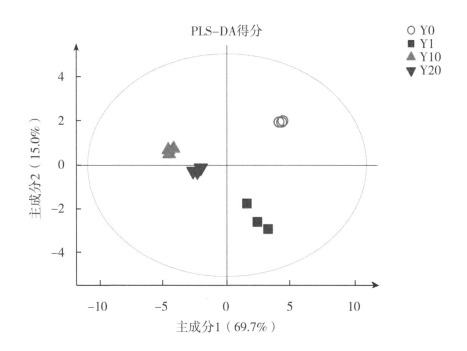

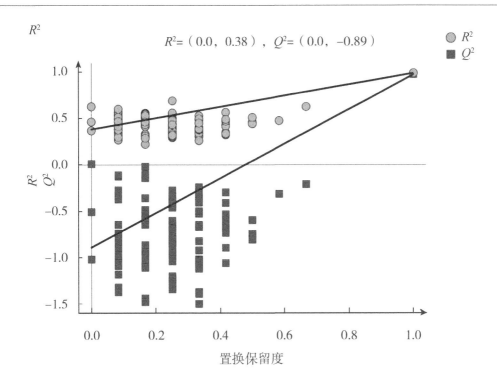

图 5-2　不同种植年限铁观音茶树根系分泌物 PLS-DA 得分及置换检验

注：Y0、Y1、Y10、Y20 分别代表荒地、1 年茶园、10 年茶园和 20 年茶园。

表 5-3　不同种植年限铁观音茶树根系差异代谢物

代谢物	变化趋势	化合物类别	VIP 值	P 值
2-单戊二酰甘油	上升	醇类	1.697	0.000
2-单硬脂酰甘油	上升	醇类	1.653	0.000
二十醇	上升	醇类	1.181	0.000
二十九醇	上升	醇类	1.107	0.000
木糖醇	上升	醇类	1.034	0.000
肌醇半乳糖苷	上升	糖类	1.527	0.000
异麦芽糖	上升	糖类	1.443	0.000
麦芽糖	上升	糖类	1.534	0.000
4-羟基-3-甲氧基苯甲酸	上升	酚酸	1.591	0.000
DL-β-羟基丁酸	上升	有机酸	1.210	0.000
十七（烷）酸	上升	酸类	1.001	0.000
甘露醇	上升	醇类	1.242	0.000
果糖	下降	糖类	1.452	0.007
半乳糖	下降	糖类	1.440	0.000

（续表）

代谢物	变化趋势	化合物类别	VIP 值	P 值
葡萄糖	下降	糖类	1.430	0.000
甘露糖	下降	糖类	1.431	0.000
十五酸	下降	酸类	1.437	0.000
磷酸	下降	无机酸	1.218	0.012

将 18 种差异代谢物进行热图聚类分析（图 5-3）。每一列代表一个样本，每一个格子代表一种代谢物，颜色深浅代表代谢物的含量高低。荒地（CK）和 1 年茶

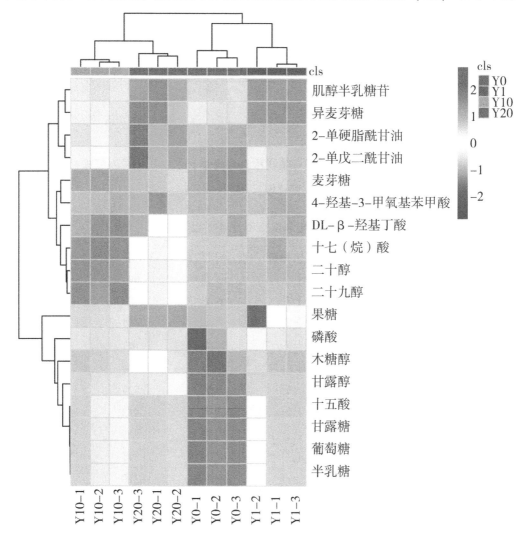

图 5-3 差异代谢物的热图聚类分析

园聚在一起，10 年茶园和 20 年茶园聚在一起，说明筛选出的差异代谢物能将各处理聚类区分开来。差异代谢物经过聚类也能聚成簇，说明每一簇代谢物可能参与了相同的代谢途径或者具有相似的功能。

四、小结与讨论

目前，对于不同种植年限铁观音茶树根系分泌物的鉴定以及含量动态变化的研究比较少。根系分泌物的提取大致有水培、土培、基质培养等多种方法。从根际土壤提取根系分泌物的方法与植物自然生长状态最接近，其优点在于由于土壤机械阻力的存在，根系分泌作用更加旺盛，根系分泌物的量要比液体培养条件下收集到的量更高（李汛 等，2013），该提取方法很容易受到土壤微生物代谢和分解的干扰，但是可以反映出在自然生长状况下植物根系分泌的真实情况。本研究表明，不同种植年限铁观音茶树根系分泌物中鉴定出的代谢物质主要有糖类、有机酸类、醇类、甾醇、酚酸、二萜类等，各类物质的相对含量随着种植年限的增加发生变化。

目前研究公认酚酸类物质是造成连作障碍的主要化感物质，苯甲酸及其衍生物已在多种作物，如黄瓜、大豆中被确认为化感物质（Baziramakenga et al.，1995；胡元森 等，2007）；土壤中的对羟基苯甲酸含量随着花生连作年限的增加而增加（李培栋 等，2010），邻苯二甲酸被认为是辣椒中的主要化感物质之一（耿广东 等，2009）；本研究中，4-羟基-3-甲氧基苯甲酸随着铁观音连作年限的增加而增加，呈上调的趋势，是潜在的化感物质。已有研究发现，4-羟基-3-甲氧基苯甲酸存在于地黄根际土壤中并且具有很强的自毒作用（郝群辉，2007）。

根系分泌物是植物、土壤、根际微生物之间相互作用的重要媒介，能够为根际微生物提供营养和能量促进其生长和繁殖，同时也能够影响到根际微生物的种群数量和结构（朱丽霞 等，2003）。根系分泌物中的糖和糖醇被认为是很多微生物的能量来源以及通用的趋化性物质（Baudoin et al.，2003；Huang et al.，2014；Zhu et al.，2016）。本研究中，果糖、半乳糖、葡萄糖、甘露糖随着铁观音种植年限的增加呈显著下降的趋势，可能是引起根际微生物群落失衡、导致连作障碍的趋化性物质，有待进一步研究。

利用 GC-MS 技术在不同种植年限的铁观音根际土壤中共检测并鉴定到 52 个根系分泌物，OPLS-DA 分析表明，连作 10 年和 20 年的铁观音茶树根系分泌物差异较小，可与 1 年茶树和荒地根系分泌物明显区分开。共筛选到 4-羟基-3-甲氧基苯甲酸、果糖、半乳糖等 18 个组间差异显著的根系分泌物质。其中，4-羟基-3-甲氧基苯甲酸是潜在的自毒物质，随种植年限的增加其含量显著增加；果糖、半乳糖、葡萄糖等随着铁观音种植年限的增加呈显著下降的趋势，可能是引起根际微生物群落失衡、导致连作障碍的趋化性物质，有待进一步研究。

第三节　宿根连作茶树根际关键微生物筛选及定量分析

由高通量测序结果可以看出，宿根连作铁观音茶树根际土壤中的细菌和真菌群落结构都发生明显变化，尤其是一些对植物生长有益的细菌属（如假单胞菌、产黄杆菌、慢生根瘤菌、分枝杆菌、鞘氨醇单胞菌）急剧减少，而某些病原真菌数量（如链格孢菌）却不断增多。假单胞菌属（*Pseudomonas* spp.）是植物根际常见的一种微生物类群，很多具有拮抗或促生作用，已有研究表明假单胞菌能产生多种抗生素、胞外水解酶和氰化氢（HCN）等抑菌代谢产物，具有很强的抗真菌活性，能够有效防治多种植物病害，如荧光假单胞菌（*P. fluorescens*）、铜绿假单胞菌（*P. aeruginosa*）、恶臭假单胞菌（*P. putida*）等。然而，链格孢菌属被认为是一种主要的植物病原菌，大田作物、园艺作物、林木生产以及农产品采后储存过程中发生的 20%～80% 的农业损失均由该菌引起（Nagrale et al., 2016）。

因此，本研究采用组织分离法从患有根腐病的铁观音根部分离真菌单菌落，将分离纯化的真菌送生工生物工程（上海）股份有限公司进行测序。基于前期已建立的铁观音无菌组培苗体系，向铁观音组培苗中添加已活化的病原真菌菌株，对其致病性进行验证。利用平板对峙的方法，将活化的病原真菌接种于马铃薯蔗糖琼脂（Potato sucrose agar，PSA）培养基平板中心位置，在距离中心 2.5 cm 处的 4 个方向接种一株活化培养的细菌（前期从连作铁观音根际土壤中筛选到的微生物），置于 28℃恒温培养箱中避光培养，观察抑菌圈的形成，分离筛选对病原真菌有拮抗效应的细菌。此外，采用荧光定量 PCR（qPCR）技术对不同宿根连作年限茶园土壤中的假单胞菌属和链格孢菌属的数量进行绝对定量分析，一方面验证高通量测序的分析结果，另一方面为探究茶树连作障碍机制提供科学依据。

一、关键微生物菌群的分离鉴定

从患根腐病的 20 年铁观音茶树根系及根际土壤中分离鉴定到链格孢菌（*Alter-*

naria sp. ）（F26）、尖孢镰刀菌（F24）、茶拟盘多毛孢（F23）（茶轮斑病）等病原真菌（图5-4）。通过平板对峙实验，筛选到能拮抗链格孢菌的有益细菌假单胞菌（*Pseudomonas* sp.）（T4）、伯克霍尔德氏菌（T3）、胶冻样类芽孢杆菌（P8）等一些关键优势菌群（图5-5）。

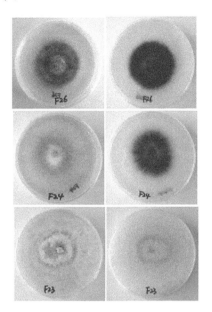

图5-4　铁观音茶树根系及根际土壤中的重要病原真菌

注：F26，链格孢菌；F24，尖孢镰刀菌；F23，茶拟盘多毛孢。

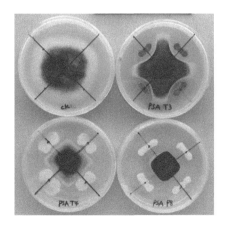

图5-5　链格孢菌与细菌平板对峙

注：CK，链格孢菌；T4，假单胞菌；T3，伯克霍尔德氏菌；P8，胶冻样类芽孢杆菌。

将上述筛选到的链格孢菌（F26）纯化后回接到铁观音无菌组培苗中进行致病性检测试验。结果发现，接菌35 d后，植株开始出现叶片变黄；接菌40 d后，植株枯萎死亡（图5-6）。

图5-6　链格孢菌致病性验证

二、链格孢菌和假单胞菌的荧光定量 PCR 分析

前期高通量测序结果显示，链格孢菌和假单胞菌都是优势菌群，并且随着种植年限增加，有益菌假单胞菌急剧减少，病原菌链格孢菌却不断增加。本研究进一步采用qPCR技术对链格孢菌及假单胞菌的含量变化进行原位分析。假单胞菌 qPCR 定量引物序列为：Ps-for（5'-GGTCTGAGAGGATGATCAG T-3'）和 Ps-rev（5'-TTAGCTCCACCTCGCGGC-3'）。链格孢菌 qPCR 定量引物序列为：forward primer 5'-GCCCACCACTAGGACAAACA-3'和 reverse primer 5'-TCCCTACCTGATCCGAGGT-C-3'。基于假单胞菌和链格孢菌荧光定量 PCR 的特异引物，建立了标准曲线，如图5-7所示，拟合度 R^2 均较高。荧光定量分析结果显示：连作导致土壤中链格孢菌 Alternaria sp. 病原菌的含量显著上升，而拮抗菌含量显著下降（表5-4）。这与前期高通量测序结果一致。可见，铁观音宿根连作导致根际土壤病原菌数量增多，

有益菌数量减少。

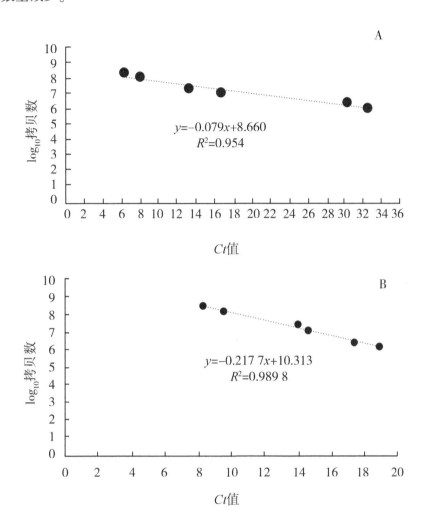

图5-7 土壤假单胞菌（A）和链格孢菌（B）荧光定量分析的标准曲线

表5-4 不同宿根连作年限土壤中链格孢菌和假单胞菌含量 qPCR 分析

处理	链格孢菌含量 （10^9个/g）	假单胞菌含量 （10^9个/g）
荒地	1.25d	2.97d
1年茶园	1.45c	5.50b
10年茶园	1.85a	6.28a
20年茶园	1.61b	4.85c

注：同一列不同字母表示在0.05水平差异显著。

三、小结与讨论

维持合理平衡的土壤微生物群落结构对于植物健康生长具有决定性作用（Berendsen et al., 2012），根际就像一个"战场"，植物与微生物、微生物与微生物之间无时无刻不在"战斗"，争取各种资源和生存空间等，有互利共生、拮抗抑制等正负效应。Latz 等（2012）研究发现，丰富的植被多样性可以促进土壤中有益拮抗菌的生长，抑制病原菌生长，从而促进植物健康生长，但是长期单一化种植会导致有益拮抗菌数量减少。Mendes 等（2011）的研究也证实，健康的抑病型土壤中存在大量有益拮抗菌如假单胞菌，而不健康的利病型土壤中这些有益菌含量很低。可见，有益菌与病原菌之间此消彼长，并且与植物生长关系密切，二者维持一个合理正常的比例才能保证植物健康生长。

本研究不仅分离筛选到病原真菌链格孢菌及其拮抗菌假单胞菌，而且还采用荧光定量 PCR 分析发现，连作导致土壤中病原菌链格孢菌的含量显著上升（表5-4），而拮抗菌假单胞菌的含量显著下降。这与前期高通量测序结果一致。可见，铁观音宿根连作导致根际土壤病原菌数量增多，有益菌数量减少。然而，连作为何会导致土壤微生态结构失衡，即连作下根系分泌物是如何介导植物与微生物互作尤其是对关键微生物（如假单胞菌等有益菌和链格孢菌等病原菌）生长繁殖的直接作用需深入研究。

第四节 酚酸介导下连作茶树根际病原菌及其拮抗菌变化

越来越多的学者认为，植物与周围微生物之间存在复杂的根际对话，植物通过根系分泌活动来调节土壤微生物群落结构，反之，土壤微生物区系变化又对植物的生长发育过程产生重要影响（Paterson et al., 2007；Eisenhauer et al., 2012）。前期研究表明，铁观音茶树多年宿根连作后确实导致了根际微生物群落结构恶化（Li et al.,2016；Li et al., 2020）。酚酸作为根系分泌物的重要成分之一，是许多单一连作体系中重要的化感物质，在连作障碍形成过程中扮演重要角色（张淑香 等，2000），然而酚酸对铁观音茶树根际土壤微生物群落的调控作用尚不清楚。因此，本研究运用高效液相色谱技术（High performance liquid chromatography，HPLC）对连作铁观音茶树根际土壤中酚酸类物质进行定量分析，同时，在室内模拟连作障碍条件下分析酚酸类物质对铁观音茶树根际病原菌及其拮抗菌的生态效应，为深入揭示铁观音茶树连作障碍形成的分子生态学机理提供理论依据。

本研究利用原位取土法收集不同宿根年限（0年、1年、10年、20年）的铁观音根际土，运用HPLC技术对酚酸含量进行定量分析，待检测的酚酸包括没食子酸，香豆酸，3,4-二羟基苯甲酸，对羟基苯甲酸，香草酸，丁香酸，香兰素，阿魏酸，苯甲酸，水杨酸。色谱条件如下：C18色谱柱（Inertsil ODS-SP，4.6 mm×250 mm，5 μm）；流动相A液为甲醇，流动相B液为2%冰醋酸溶液；洗脱梯为72% B相，等梯度洗脱；柱箱温度为30 ℃，流速0.7 mL/min，检测波长280 nm。

基于对铁观音根系分泌物酚酸类物质含量的测定结果，依据各酚酸在根际土壤中的平均配比（对羟基苯甲酸∶香草酸∶丁香酸∶香兰素∶阿魏酸＝38∶229∶11∶11∶3）制备一系列单一酚酸和混合酚酸浓度梯度为0 μmol/L、30 μmol/L、60 μmol/L、120 μmol/L、240 μmol/L、480 μmol/L、960 μmol/L的1/8 PDA平板。将已活化培养的链格孢菌菌饼接种于酚酸-PDA平板中心位置，28℃恒温箱中培养7 d后，测量菌丝直径。同时，制备一系列单一酚酸和混合酚酸浓度梯度为0 μmol/L、30 μmol/L、60 μmol/L、120 μmol/L、240 μmol/L、480 μmol/L、960 μmol/L的1/8 LB培养基。每支试管接种10 μL已活化的假单胞菌菌液，置于37 ℃，180 r/min摇床中培养8 h后，取200 μL菌液于96孔酶标板中，测定OD 600 nm的吸光值。对照组以添加双蒸水代替，但加入了与试验组等量的甲醇，以排除甲醇对链格孢菌和假单胞菌生长的影响。每个处理3次重复。

一、根际土壤酚酸含量变化

运用HPLC技术对不同宿根连作年限铁观音根际土壤的酚酸类化感物质进行检测，共发现5种酚酸类物质，依次为对羟基苯甲酸、香草酸、丁香酸、香兰素和阿魏酸（图5-8）。随着连作年限的增加，对羟基苯甲酸、香草酸、丁香酸并未在土壤中累积，呈现出先增加后降低的趋势，但种植铁观音茶树根际土壤的酚酸含量要高于对照土壤。依据测定结果，可以得到5种酚酸类物质在铁观音根际土壤中的平均配比（对羟基苯甲酸∶香草酸∶丁香酸∶香兰素∶阿魏酸＝38∶229∶11∶11∶3）。

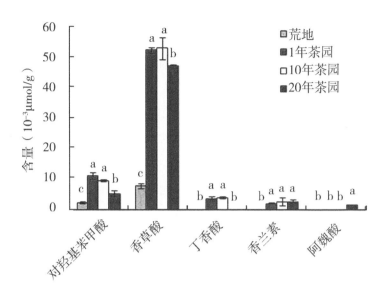

图 5-8　不同宿根连作年限铁观音茶树根际土壤酚酸含量的变化

注：图柱上不同字母表示在 0.05 水平差异显著。

二、酚酸类物质对链格孢菌生长的影响

基于对不同宿根连作年限铁观音茶树根际土壤中酚酸含量的测定，设定一系列混合酚酸和单一酚酸的浓度梯度（0 μmol/L、30 μmol/L、60 μmol/L、120 μmol/L、240 μmol/L、480 μmol/L、960 μmol/L），分析室内模拟连作条件下，单一或混合酚酸物质对病原菌链格孢菌生长的影响。结果显示，混合酚酸浓度为 30～120 μmol/L 时对链格孢菌菌丝生长有显著的促进作用（图 5-9）。当混合酚酸浓度为 240 μmol/L 时对链格孢菌菌丝生长的促进作用不明显；而浓度高于 480 μmol/L 时，对菌丝生长起抑制作用。可见，中低浓度的混合酚酸（30～120 μmol/L）能够显著促进链格孢菌菌丝生长，高浓度时抑制其生长。进一步分析 5 种单一酚酸对链格孢菌菌丝生长的影响，结果发现，5 种单一酚酸对链格孢菌菌丝生长的影响不同，其中：①对羟基苯甲酸和丁香酸表现出低促高抑的作用，在中低浓度（30～120 μmol/L）时促进链格孢菌菌丝生长，在高浓度（480 μmol/L 和 960 μmol/L）时抑制菌丝生长；②香草酸只有在 30 μmol/L 时显著促进菌丝生长，在高浓度（480 μmol/L 和 960 μmol/L）时抑制菌丝生长；③香兰素在高浓度（480 μmol/L 和 960 μmol/L）时有明显的促进作用；④阿魏酸对链格孢菌生长无明显作用，只有高浓度（960 μmol/L）时抑制其生长。由

此可知，并非所有酚酸都对链格孢菌菌丝生长具有促进作用。

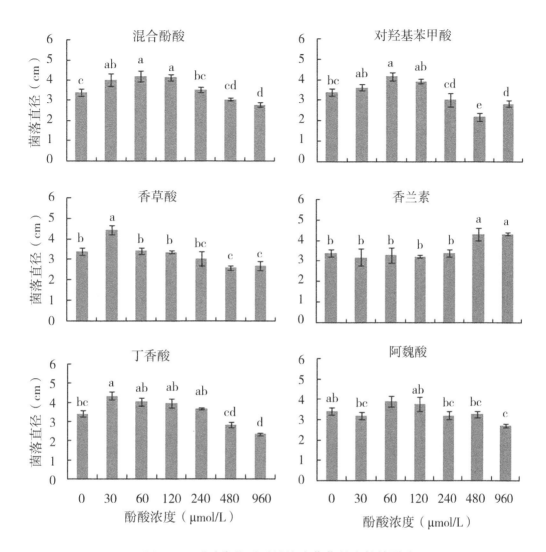

图5-9　酚酸类物质对链格孢菌菌丝生长的影响

注：图柱上不同字母表示在0.05水平差异显著。

三、酚酸类物质对假单胞菌生长的影响

同样设定 0 μmol/L、30 μmol/L、60 μmol/L、120 μmol/L、240 μmol/L、480 μmol/L、960 μmol/L 浓度梯度的单一酚酸和混合酚酸，分析其对有益拮抗菌——假单胞菌生长的影响。结果发现：不同浓度梯度的混合酚酸均对假单胞菌的

生长无明显作用（图 5-10）。同时，不同浓度梯度的单一酚酸对假单胞菌生长的影响不同，其中：①对羟基苯甲酸对假单胞菌的生长有抑制作用，且随着浓度的增加抑制作用增强；②香草酸对假单胞菌的生长具有促进作用，特别在 120 μmol/L 和 240 μmol/L 浓度下促进作用显著；③丁香酸、阿魏酸、香兰素对假单胞菌的生长没有明显作用。可见，酚酸类物质对病原真菌和有益拮抗菌的生长具有不同的生态效应。

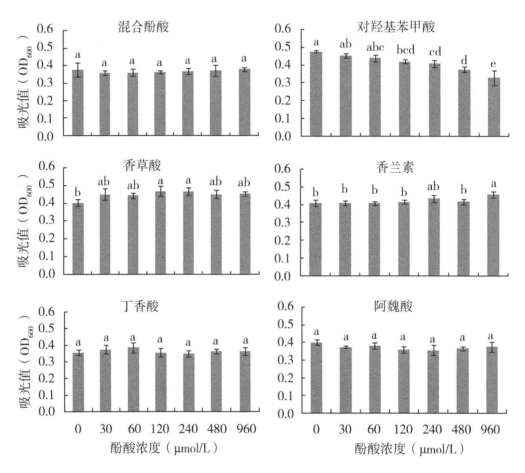

图 5-10　酚酸类物质对假单胞菌生长的影响

注：图柱上不同字母表示在 0.05 水平差异显著。

四、小结与讨论

酚酸类物质是常见报道的重要化感物质，对作物生长发育有一定抑制作用，在作物连作障碍形成过程中起重要作用（张淑香 等，2000）。重茬 5 年大豆土壤中对羟基苯甲酸和香草酸的含量明显高于正茬土壤，水培条件下外加对羟基苯甲酸对大豆幼苗生长发育有一定的抑制作用（张淑香 等，2000）。连作 7 年黄瓜土壤中香草酸、对羟基苯甲酸和阿魏酸总含量显著高于正茬和重茬 3 年土壤中的含量，外源添加酚酸类物质至盆栽基质中，可使黄瓜幼苗根长及茎粗显著降低，使株高及干物质量略有下降（胡元森 等，2007）。另外，对苹果、草莓、茄子等作物的研究也发现，酚酸类物质随着连作年限的增加而在土壤中累积，且在某种程度上对作物生长有明显抑制作用，是导致连作障碍发生的重要原因（Chen et al.，2011；孙海兵 等，2011；李贺勤 等，2014）。然而，外源添加酚酸类物质进行生物测试的研究方法没有考虑土壤的吸附过程和土壤微生物分解利用的影响（Kaur et al.，2009）。有学者认为，能够抑制作物生长发育所需的酚酸类物质的浓度在田间条件下很难达到。作物根系分泌的酚酸类物质释放到土壤后可能被微生物分解、转化和加工（Eisenhauer et al.，2012）。Lin 等（2011）将水稻的主要化感化学物质（对羟基苯甲酸、阿魏酸、水杨酸、香草酸、肉桂酸）添加到土壤中，发现在 3～7 d 后这些酚酸减少了 50%～90%，这可能与土壤微生物的分解和利用有关。因此，土壤中酚酸累积及其对作物生长的抑制作用并不是导致连作障碍发生的直接原因，很可能是由于酚酸介导下作物和特定微生物之间的相互作用造成的（王建华 等，2013）。本研究中，茶园根际土壤的对羟基苯甲酸、香草酸、丁香酸、香兰素含量并未随着连作年限的增加而增加，也就是酚酸类物质并未在土壤中累积，而且对羟基苯甲酸和香草酸在连作 20 年土壤中的含量比连作 1 年和连作 10 年土壤中的含量都有显著下降，这可能是不同连作年限下铁观音茶树根系分泌强度不同以及土壤微生物分解代谢综合作用的结果。Zhou 等（2012）研究发现，连作 7 年的黄瓜生物量最低、连作障碍问题最为严重，然而 7 年后作物生物量又逐渐增加、连作障碍有所缓解；同时，土壤总酚、阿魏酸、对羟基苯甲酸和香豆酸等酚酸类物质含量也都呈现出相似的变化规律，连作 7 年时含量最低，之后又逐渐增加，说明黄瓜连作障碍问题并不是由于连作土壤中含有高浓度的酚酸类物质直接作用于受体植物导致，而可能是酚酸类物质通过改变微生物区系来间接影响植物的生长发育。

链格孢菌是一种普遍存在于环境中的病原体和腐生菌，在三七根腐病、草坪根腐病中都有分离鉴定到该类病原菌（罗文富 等，1997；孙炳剑 等，2007）。本研究从 20 年茶龄的患病铁观音根系分离鉴定到该菌，并验证了链格孢菌（*Alternaria* sp.）对铁观音茶树的致病性（图 5-6）。本研究发现，较低浓度的对羟基苯甲酸（60 μmol/L）、香草酸和丁香酸（30 μmol/L）能显著促进链格孢菌菌丝的生长；同时，中低浓度（30～120 μmol/L）的混合酚酸也能显著促进链格孢菌菌丝的生长，说明土壤中酚酸类物质能促进链格孢菌的增殖。有研究发现，与作物个体相比，病原菌对酚酸类物质及其浓度更加敏感，土壤中酚酸类物质还未达到对作物致害的浓度时，微生物群落结构已经开始发生变化（田给林 等，2016）。Zhou 等（2012）研究发现，黄瓜化感自毒物质香豆酸能显著促进土壤中病原菌尖孢镰刀菌的生长繁殖。Tian 等（2019）研究发现，草莓苗期枯萎病的发生与阿魏酸密切相关，相对高浓度的阿魏酸能诱导尖孢镰刀菌的增殖进而引发病害。另外，甜瓜和西瓜的根系分泌物酚酸类物质都可以显著促进病原菌的生长，导致土壤传播疾病的增加（Hao et al.，2010；杨瑞秀 等，2014）。同时，本研究中还发现对羟基苯甲酸对假单胞菌的生长有抑制作用，且随着浓度的增加抑制作用增强，对羟基苯甲酸对病原菌和有益菌生长的影响表现出不同的促进或抑制作用。Wu 等（2016）研究发现，太子参根系分泌的 8 种酚酸类物质能促进病原菌大量生长，抑制有益菌的生长繁殖，从而导致土壤特殊菌群失衡，与本研究结果一致。本研究采用实时荧光定量PCR 技术研究发现，随着连作年限的增加，根际土壤病原菌数量增多，有益菌数量减少（表5-4）。可见，铁观音茶树根系分泌物酚酸类物质对土壤微生物类群具有选择塑造作用，可以选择性地促进或抑制病原菌和有益菌的生长。

综上可见，铁观音连作导致有益菌数量下降，而病原菌数量上升，根际土壤微生物群落结构失衡，连作下土壤微生态结构恶化与铁观音根系分泌物酚酸类物质的介导密切相关。这一发现为调节根部微生物群落以提高铁观音茶叶产量和可持续生产提供了新的途径。如可以通过施用微生物肥料和有机改良剂来保持茶园根际土壤中微生物群落的平衡，或通过调控根系分泌物来缓解茶园连作障碍问题。

参考文献

曹潘荣，骆世明，1996. 茶树的自毒作用研究 [J]. 广东茶业（2）：9-11.

陈冬梅，柯文辉，陈兰兰，等，2010. 连作对白肋烟根际土壤细菌群落多样性的影响 [J]. 应用生态学报，21（7）：1751-1758.

高旭晖，2000. 茶树根际微生物与根际效应 [J]. 茶叶通讯（1）：35-38.

耿广东，张素勤，程智慧，2009. 辣椒根系分泌物的化感作用及其化感物质分

析 [J]. 园艺学报, 36 (6)：873-878.

郝群辉, 2007. 地黄根系分泌物化感作用及其生物防治的研究 [D]. 郑州：河南工业大学.

胡元森, 李翠香, 杜国营, 等, 2007. 黄瓜根分泌物中化感物质的鉴定及其化感效应 [J]. 生态环境, 16 (3)：954-957.

胡元森, 刘亚峰, 吴坤, 等, 2006. 黄瓜连作土壤微生物区系变化研究 [J]. 土壤通报, 37 (1)：126-129.

黄运湘, 曾希柏, 张杨珠, 等, 2010. 湖南省丘岗茶园土壤的酸化特征及其对土壤肥力的影响 [J]. 土壤通报, 41 (3)：633-638.

李春俭, 马玮, 张福锁, 等, 2008. 根际对话及其对植物生长的影响 [J]. 植物营养与肥料学报, 14 (1)：178-183.

李贺勤, 刘奇志, 张林林, 等, 2014. 草莓连作土壤酚酸类物质积累对土壤线虫的影响 [J]. 生态学杂志, 33 (1)：169-175.

李培栋, 王兴祥, 李奕林, 等, 2010. 连作花生土壤中酚酸类物质的检测及其对花生的化感作用 [J]. 生态学报, 230 (8)：2128-2134.

李汛, 段增强, 2013. 植物根系分泌物的研究方法 [J]. 基因组学与应用生物学, 32 (4)：540-547.

李振方, 2011. 自毒物质与病原真菌协同对连作地黄的致害作用研究 [D]. 福州：福建农林大学.

林生, 庄家强, 陈婷, 等, 2013. 不同年限茶树根际土壤微生物群落 PLFA 生物标记多样性分析 [J]. 生态学杂志, 32 (1)：64-71.

林文雄, 陈婷, 周明明, 2012. 农业生态学的新视野 [J]. 中国生态农业学报, 20 (3)：253-264.

林文雄, 熊君, 周军建, 等, 2007. 化感植物根际生物学特性研究现状与展望 [J]. 中国生态农业学报, 15 (4)：1-8.

刘芷宇, 李良谟, 施卫明, 1997. 根际研究法 [M]. 南京：江苏科学技术出版社：69-70.

罗文富, 喻盛甫, 贺承福, 等, 1997. 三七根腐病病原及复合侵染的研究 [J]. 植物病理学报, 27 (1)：86-92.

阮建云, 2000. 茶园和根际土壤铝的动态及其对茶树生长和养分吸收的影响 [C] //海峡两岸茶叶科技学术研讨会论文集：127-130.

阮建云，吴洵，石元值，等，2001. 中国典型茶区养分投入与施肥效应 [J]. 土壤肥料 (5)：9-13.

沈怡斐，鄂垚瑶，阳芳，等，2017. 西瓜根系分泌物中氨基酸组分对多黏类芽孢杆菌 SQR-21 趋化性及根际定殖的影响 [J]. 南京农业大学学报，40 (1)：101-108.

孙炳剑，袁红霞，邢小萍，等，2007. 郑州地区冷季型草坪草根腐病病原鉴定 [J]. 草原与草坪 (6)：51-54.

孙海兵，毛志泉，朱树华，2011. 环渤海湾地区连作苹果园土壤中酚酸类物质变化 [J]. 生态学报，31 (1)：90-97.

孙秀山，封海胜，万书波，等，2001. 连作花生田主要微生物类群与土壤酶活性变化及其交互作用 [J]. 作物学报，27 (5)：617-621.

孙永明，张昆，叶川，等，2017. 江西茶园土壤酸化及对策 [J]. 土壤与作物，6 (2)：139-145.

滕应，任文杰，李振高，等，2015. 花生连作障碍发生机理研究进展 [J]. 土壤，47 (2)：259-265.

田给林，毕艳孟，孙振钧，等，2016. 酚酸类物质在作物连作障碍中的化感效应及其调控研究进展 [J]. 中国科技论文，11 (6)：699-705.

田永辉，2000. 不同树龄茶树根际固氮菌组成及多样性研究 [J]. 福建茶叶 (3)：19-21.

王海斌，陈晓婷，丁力，等，2016. 不同年限黄金桂茶树土壤的自毒潜力分析 [J]. 中国茶叶 (1)：12-13.

王涵，王果，黄颖颖，等，2008. pH 变化对酸性土壤酶活性的影响 [J]. 生态环境，17 (6)：2401-2406.

王建锋，李天来，杨丽娟，等，2006. 设施黄瓜营养生长量和产量与土壤理化特性的相关性 [J]. 中国蔬菜 (5)：21-23.

王建华，陈婷，林文雄，2013. 植物化感作用类型及其在农业中的应用 [J]. 中国生态农业学报，21 (10)：1173-1183.

王晟强，郑子成，李廷轩，2013. 植茶年限对土壤团聚体氮、磷、钾含量变化的影响 [J]. 植物营养与肥料学报，19 (6)：1393-1402.

魏国胜，周恒，朱杰，等，2011. 土壤 pH 值对烟草根茎部病害的影响 [J]. 江苏农业科学 (1)：140-143.

吴红淼，2018. 连作太子参根际环境灾变的机理及其防控策略研究［D］. 福州：福建农林大学.

吴林坤，林向民，林文雄，2014. 根系分泌物介导下植物—土壤—微生物互作关系研究进展与展望［J］. 植物生态学报，38（3）：298-310.

杨冬雪，钟珍梅，陈剑侠，等，2010. 福建省茶园土壤养分状况评价［J］. 海峡科学，42（6）：129-131.

杨瑞秀，高增贵，姚远，等，2014. 甜瓜根系分泌物中酚酸物质对尖孢镰孢菌的化感效应［J］. 应用生态学报，25（8）：2355-2360.

袁龙刚，张军林，张朝阳，等，2006. 连作对辣椒根际土壤微生物区系影响的初步研究［J］. 陕西农业科学（2）：49-50.

张倩，宗良纲，曹丹，等，2011. 江苏省典型茶园土壤酸化趋势及其制约因素研究［J］. 土壤，43（5）：751-757.

张淑香，高子勤，2000. 连作障碍与根微生态研究Ⅱ. 根系分泌物与酚酸物质［J］. 应用生态学报，11（1）：152-156.

张淑香，高子勤，刘海玲，2000. 连作障碍与根际微生态研究Ⅲ. 土壤酚酸物质及其生物学效应［J］. 应用生态学报，11（5）：741-744.

周宝利，徐妍，尹玉玲，等，2010. 不同连作年限土壤对茄子土壤生物学活性的影响及其嫁接调节［J］. 生态学杂志，29（2）：290-294.

朱丽霞，章家恩，刘文高，2003. 根系分泌物与根微生物相互作用研究综述［J］. 生态环境，12（1）：102-105.

ARAFAT Y，WEI X，JIANG Y，et al.，2017. Spatial distribution patterns of root-associated bacterial communities mediated by root exudates in different aged ratooning tea monoculture systems［J］. International Journal of Molecular Sciences，18（8）：1727.

BAUDOIN E，BENIZRI E，GUCKERT A，2003. Impact of artificial root exudates on the bacterial community structure in bulk soil and maize rhizosphere［J］. Soil Biology and Biochemistry，35（9）：1183-1192.

BAZIRAMAKENGA R，LEROUX G D，SIMARD R R，1995. Effects of benzoic and cinnamic acids on membrane permeability of soybean roots［J］. Journal of Chemical Ecology，21（9）：1271-1285.

BERENDSEN R L，PIETERSE C M J，BAKKER P A H M，2012. The rhizosphere microbiome and plant health [J]. Trends in Plant Science, 17 (8): 478-486.

CHEN S L, ZHOU B L, LIN S S, et al., 2011. Accumulaion of cinnamic acid and vanillin in eggplant root exudates and the relationship with continuous cropping obstacle [J]. African Journal of Biotechnology, 10 (14): 2659-2665.

CHOMEL M, GUITTONNY - LARCHEVEQUE M, FERNANDEZ C, et al., 2016. Plant secondary metabolites: a key driver of litter decomposition and soil nutrient cycling [J]. Journal of Ecology, 104 (6): 1527-1541.

DANG M V, 2002. Effects of tea cultivation on soil quality in the northern mountainous zone, Vietnam [D]. Canada: University of Saskatchewan.

EISENHAUER N, SCHEU S, JOUSSET A, 2012. Bacterial diversity stabilizes community productivity [J]. PLoS ONE, 7: e34517.

HAO W Y, REN L X, RAN W, et al., 2010. Allelopathic effects of root exudates from watermelon and rice plants on *Fusarium oxysporum* f. sp. niveum [J]. Plant and Soil, 336 (1): 485-497.

HUANG X F, CHAPARRO J M, REARDON K F, et al., 2014. Rhizosphere interactions: root exudates, microbes, and microbial communities [J]. Botany, 92 (4): 267-275.

INDERJIT, 2011. Novel weapons hypothesis: an ecologically relevant way to study allelopathy [C] //The 6th World Congress on Allelopathy, Guangzhou, China.

KAUR H, KAUR R, KAUR S, et al., 2009. Taking ecological function seriously: soil microbial communities can obviate allelopathic effects of released metabolites [J]. PLoS ONE, 4 (3): e4700.

LAKSHMANAN V, KITTO S L, CAPLAN J L, et al., 2012. Microbe-associated molecular patterns-triggered root responses mediate beneficial rhizobacterial recruitment in Arabidopsis [J]. Plant Physiology, 160 (3): 1642-1661.

LATZ E, EISENHAUER N, RALL B C, et al., 2012. Plant diversity improves protection against soil-borne pathogens by fostering antagonistic bacterial communities [J]. Journal of Ecology, 100: 574-604.

LI A, WEI Y, SUN Z, et al., 2012. Analysis of bacterial and fungal community structure in replant strawberry rhizosphere soil with denaturing gradient gel electrophoresis [J]. African Journal of Biotechnology, 11 (49): 10962-10969.

LI Y C, LI Z W, ARAFATY Y, et al., 2020. Studies on fungal communities and functional guilds shift in tea continuous cropping soils by high - throughput sequencing [J]. Annals of Microbiology, 70 (1): 2762-2770.

LI Y, LI Z, ARAFAT Y, et al., 2017. Characterizing rhizosphere microbial communities in long-term monoculture tea orchards by fatty acid profiles and substrate utilization [J]. European Journal of Soil Biology, 81: 48-54.

LI Y, LI Z, LI Z, et al., 2016. Variations of rhizosphere bacterial communities in tea (*Camellia sinensis* L.) continuous cropping soil by high-throughput pyrosequencing approach [J]. Journal of Applied Microbiology, 121: 787-799.

LIN R Y, WANG H B, GUO X K, et al., 2011. Impact of applied phenolic acids on the microbes, enzymes and available nutrients in paddy soils [J]. Allelopathy Journal, 28 (2): 225-236.

MENDES R, KRUIJT M, DE BRUIJN I, et al., 2011. Deciphering the rhizosphere microbiome for disease-suppressive bacteria [J]. Science, 332 (6033): 1097-1100.

MHLONGO M I, PIATER L A, MADALA N E, et al., 2018. The chemistry of plant-microbe interactions in the rhizosphere and the potential for metabolomics to reveal signaling related to defense priming and induced systemic resistance [J]. Frontiers in Plant Science, 9: 112.

NAGRALE D T, SHARMA L, KUMAR S, et al., 2016. Recent diagnostics and detection tools: implications for plant pathogenic alternaria and their disease management [M]. Current Trends in Plant Disease Diagnostics and Management Practices: 111-163.

PATERSON E, GEBBING T, ABEL C, et al., 2007. Rhizodeposition shapes rhizosphere microbial community structure in organic soil [J]. New Phytologist, 173: 600-610.

TIAN G L, BI Y M, CHENG J D, et al., 2019. High concentration of ferulic acid in rhizosphere soil accounts for the occurrence of *Fusarium* wilt during the seedling stages of strawberry plants [J]. Physiological and Molecular Plant Pathology,

108：101435.

WALKER T S, BAIS H P, GROTEWOLD E, et al., 2003. Root exudation and rhizosphere biology [J]. Plant Physiology, 132 (1)：44-51.

WESTON L, 2011. Plant root exudation and rhizodeposition-the role of allelochemicals in the rhizosphere [C] //The 6th World Congress on Allelopathy, Guangzhou, China.

WU H M, WU L K, WANG J Y, et al., 2016. Mixed phenolic acids mediated proliferation of pathogens *Talaromyces helicus* and *Kosakonia sacchari* in continuously monocultured *Radix pseudostellariae* rhizosphere soil [J]. Frontiers in Microbiology, 7：335.

WU H, HAIG T, PRATLEY J, et al., 2001. Allelochemicals in wheat (*Triticum aestivum* L.)：cultivar difference in the exudation of phenolic acids [J]. Journal of Agricultural and Food Chemistry, 49 (8)：3742-3745.

XUE D, YAO H, HUANG C, 2006. Microbial biomass, N mineralization and nitrification, enzyme activities, and microbial community diversity in tea orchard soils [J]. Plant and Soil, 288 (1-2)：319-331.

YE J H, WANG H B, KONG X H, et al., 2016. Soil sickness problem in tea plantations in Anxi county, Fujian province, China [J]. Allelopathy Journal, 39 (1)：19-28.

YE S, ZHOU Y, SUN Y, et al., 2006. Cinnamic acid causes oxidative stress in cucumber roots, and promotes incidence of *Fusarium* wilt [J]. Environmental and Experimental Botany, 56：255-262.

YU J Q, MATSUI Y, 1994. Phytotoxic substances in root exudates of cucumber (*Cucumis sativus* L.) [J]. Journal of Chemical Ecology, 20 (1)：21-31.

ZHALNINA K, LOUIE K B, HAO Z, et al., 2018. Dynamic root exudate chemistry and microbial substrate preferences drive patterns in rhizosphere microbial community assembly [J]. Nature Microbiology, 3 (4)：470-480.

ZHAO J, WU X, NIE C, et al., 2012. Analysis of unculturable bacterial communities in tea orchard soils based on nested PCR-DGGE [J]. World Journal of Microbiology and Biotechnology, 28 (5)：1967-1979.

ZHOU X, WU F, 2012. *p-Coumaric* acid influenced cucumber rhizosphere soil microbial communities and the growth of *Fusarium oxysporum* f. sp. *cucumerinum* Owen ［J］. PLoS ONE, 7 （10）: e48288.

ZHOU X, YU G, WU F, 2012. Soil phenolics in a continuously mono－cropped cucumber （*Cucumis sativus* L. ） system and their effects on cucumber seedling growth and soil microbial communities ［J］. European Journal of Soil Science, 63: 332－340.

ZHU S S, VIVANCO J M, MANTER D K, 2016. Nitrogen fertilizer rate affects root exudation, the rhizosphere microbiome and nitrogen － use － efficiency of maize ［J］. Applied Soil Ecology, 107: 324－333.

第六章 茶树连作障碍的生化和生态调控技术

茶树多年宿根连作后茶园土壤退化严重，茶叶产量和品质大幅下降，严重制约了我国茶叶的可持续生产。本章针对茶园普遍存在的土壤酸化、养分不均衡退化、土壤生物退化等连作障碍问题，提出可以利用平衡施肥、微生物菌肥、生物质材料、茶园多样性栽培等生化和生态措施对连作障碍进行调控，以期为解决茶树连作障碍问题提供一些科学依据。

第一节 平衡施肥调控技术与效果

针对长期单作茶园土壤养分失衡的情况，应进行测土配方施肥。测土配方施肥技术是通过测定茶园土壤养分含量情况，根据茶树需肥规律、土壤供肥特性以及肥料效应，有针对性地进行以有机肥为基础并配比氮磷钾等养分，提出适宜用量、养分比例的配方施肥技术，从而减少滥施化肥带来的土壤结构恶化，同时起到增产提质提效的作用，促进茶产业的健康可持续发展（王红娟 等，2008；潘阳和，2011；章明清 等，2015）。

当前测土配方施肥技术已引起人们的广泛注意，并已在一些茶园中推广应用，取得了较好的效果。武平县是福建省著名的炒青绿茶主产区，茶园土壤主要为红泥土、红泥沙土和黄泥土等酸性母质土种，水土流失较严重，土壤肥力相对瘠薄。长期以来，茶农凭经验施肥，偏施氮肥、少施或不施有机肥等现象突出，施肥比例失衡，肥料利用率低，导致茶园肥力衰退，茶园低产低效，经济效益不佳等。为改良茶园土壤退化状况，于 2008—2011 年在桃溪镇开展了测土配方施肥技术试验、示范工作，建议武平县绿茶投产园平衡配方施肥的最佳方案是：每亩年施尿素 84.8 kg、过磷酸钙 83.3 kg、硫酸钾 20 kg、菜籽饼 150 kg（即纯 N 45.9 kg、P_2O_5 13.72 kg、K_2O 12.1 kg），折 N：P_2O_5：K_2O＝3.8：1.1：1（刘德发，2013）。在投产园施足氮肥的同时，多施有机肥，合理配施磷肥与钾肥的平衡配方施肥方法，可明显提高茶叶的产量和品质，且在低产园中表现最为显著。

此外，湖南省桃源县从 2006 年开始进行茶园测土配方施肥的技术探索，在分析 480 多个茶园土壤样品的基础上，推出了桃源县茶园专用配方肥，该肥为高养分硫酸钾型复合肥，总养分≥45%（氮、磷、钾比例为 24∶8∶13），添加了桃源县茶园土壤缺乏的镁等中微量元素，具有针对性强、养分含量高、易吸收、利用率高等特点。通过 3 年的跟踪监测，每亩可增加鲜叶产量 200 kg 以上，增加收益 400 元左右，增产效果显著（陈岱卉 等，2014）。

潘阳和（2011）为了提高肥料利用率，促进太湖茶叶的高产优质，在 2010 年通过对太湖县的 129 个茶园土壤样品养分含量分析的基础上，结合太湖县茶园的施肥状况，提出以下施肥原则：以有机肥为主，有机肥与无机肥相结合；以氮肥为主，氮、磷、钾三要素相配合，注意全肥；重视基肥，基肥与追肥相结合；以根际施肥为主，根际施肥与根外施肥相结合。多年的肥效试验结果表明，在土壤养分中等的情况下，目标产量产干茶 100 kg/亩，大约需吸收纯 N 12 kg、P_2O_5 2.5 kg、K_2O 5 kg。一般需要的纯 N∶P_2O_5∶K_2O 比例为（2～3）∶1∶1；高产茶园氮素比例较高，可为（6～7）∶2∶1。

田润泉 等（2016）在对茶园土壤基本理化性状进行调查的基础上，结合茶树对养分的需求特性，提出了适宜绍兴市越州茶业有限公司茶园的测土配方施肥技术，经过 3 年的配方复合肥及传统复合肥施用效果小区对比试验，发现施用配方复合肥能使茶园土壤中的养分供应更趋平衡，从而改善了茶鲜叶的品质，提高了茶树产量和产值；施用配方肥减少了茶园的养分供应总量，从而减少因施肥不合理而造成的环境污染，提高肥料的利用率。因此，施用配方肥相比较传统复合肥，更有利于茶叶的可持续生产，也符合当前茶叶生产中"减肥、减药"的大趋势。

第二节　微生物肥料调控技术与效果

从生态恢复的角度看，土壤生物退化的恢复，可以从根区微观土壤生态系统（Rhizosphere microcosmic soil ecosystem，RMSE）的恢复入手，主要思路是：通过特定程序筛选出能在作物根区土壤中定殖、对病原菌有较强抑制作用、对人类健康无害、对作物生长有促进作用、对土壤中作物产生的自毒物质有降解作用的有益微生物，通过工业发酵制成活菌制剂，再利用苗床育苗接种、移栽蘸根接种或拌种等方式，将这些有益菌引入作物根区微观土壤生态系统，改变该系统的生物组成，分解该系统中连茬作物释放的自毒物质，再加上平衡施肥、施用有机肥料，供给土壤有益菌营养物质等，使已退化的根区微观土壤生态系统得到恢复或改善，使"病态"的微观生态系统恢复到健康状态（薛泉宏 等，2008）。利用拮抗性微生物，通过"以菌治菌、以菌解毒"的生态学方法修复土壤生物退化是一种有望从根本上解决问题的思路。

微生物肥料是指从土壤和植物根际分离得到的有效菌，经筛选、分离、甚至基因重组，进行菌种的优化组合，经发酵培养与有机物混合而制备的微生物制剂。微生物肥料是含有特定微生物活体的制品，主要应用于农业生产，通过肥料中所含微生物的生命代谢活动，为植物增加营养成分的供应和利用，促进植物生长发育，提高产量，改善农产品的质量以及保护农业和生态环境（曾玲玲 等，2009；袁田 等，2009）。在中国，微生物肥料已有 50 余年的历史，经历了从根瘤菌剂—细菌肥料—微生物肥料的发展演变过程。微生物肥料土壤修复的基本原理是在适当的条件（水分、温度、pH 值等）下，肥料中的微生物菌群与土壤中原有的有益微生物共同形成优势菌群，促进土壤生态系统中碳、氮、氧等元素的良性循环，从而修复土壤生态环境系统，使生态系统达到新的稳定的平衡。

一、微生物肥料类型

目前，微生物肥料的分类有以下几种。按菌种分类，可以分为细菌肥料、放线菌肥料、真菌肥料；按菌种作用机理分类，可以分为固氮菌类、根瘤菌类、解磷菌类、解钾菌类、植物根际促生菌、EM 复合菌类肥料等（李明，2001；陈爱梅 等，2005；张晓霞 等，2010）。

固氮菌肥料是微生物肥料中最早出现的一种。固氮菌肥料能固定大气中的气态氮，并将其转化为可供植物吸收利用的氨态氮，此外还能分泌维生素类和生长素类物质，刺激植物的生长，同时对改善土壤结构、增强土壤肥力、促进和提高作物品质具有重要的作用（田颖，2005；王健 等，2006）。由于微生物固氮过程需要厌氧、贫氮和能源等条件，加之各种类型固氮菌对植物的专一性影响了固氮效果，因此固氮微生物肥料应用效果总体不佳。

根瘤菌肥是根瘤菌侵染豆科植物根部形成根瘤，利用豆科植物寄主提供的能量将空气中的氮转化成氨，进而转化成谷氨酰胺和谷氨酸类供给植物生长。它是使用时间最长，效果最佳的菌肥。目前在红壤旱地豆科牧草、花生、大豆上接种根瘤菌剂，可以获得很好的增产效果。

解磷菌肥料可以通过自身的磷酸酶或者在代谢活动中产生的有机酸和无机酸，将土壤中的难溶性磷酸盐转化为植物可以吸收利用的可溶性磷，帮助植物利用土壤中的磷元素（夏振远 等，2002；万璐 等，2004）。

解钾菌肥料：钾是土壤中含量最多的元素，但这些钾90%以上是以硅酸盐的形式存在于矿物质中，很难被植物吸收和利用。解钾菌肥料中的硅酸盐细菌能分解土壤中的硅酸盐，使难溶性钾转化为有效性钾（连宾 等，2004）。硅酸盐细菌已经广泛应用于农业生产，对多种作物如水稻、小麦、烟草、棉花、甘薯等都具有增产、改善品质、提高抗逆能力等作用（薛智勇 等，1996；孙福来 等，2002）。

植物根际促生细菌（Plant growth promoting rhizobacteria，PGPR）是一类能够促进植物生长、加快植物对营养的吸收、有增产能力的有益菌群（张利亚 等，2019）。植物与微生物的互作使植物能够更好地应对生物和非生物胁迫，能直接或间接地促进或调节植物生长（Khan et al.，2017）。PGPR 主要包括芽孢杆菌属（*Bacillus* spp.）、假单胞菌属（*Pseudomonas* spp.）、肠杆菌属（*Enterobacter* spp.）、固氮菌属（*Azotobacter* spp.）等（马欣 等，2019）。这些根际微生物可以通过固氮（固氮细菌）、释磷（假单胞菌属、杆菌属）、分泌生长素直接促进植物生长；另外还可以抑制土壤病原微生物的生长、诱导植物产生系统抗性间接促进植物生长，提高产量。但这些作用会受到土壤条件的限制，并具有一定的种属专一性。选择对植物有益的 PGPR 制成生物肥料，代替化学合成品，符合当前农业可持续发展的要求。

VA 菌根（Vesicular-arbuscular mycorrhizas，泡囊—丛枝菌根）是分布最广的内生菌根，可与全球90%以上的植物形成共生体系，包括绝大多数的农作物、果树、蔬菜和牧草。苹果园接种 VA 菌根后，土壤中有害微生物明显减少，土壤质量明显改善，同时根系中的固氮微生物也会增加，能够减轻果树连作障碍（杨兴洪 等，1992；Catska，1994）。

EM 复合菌剂（Effective microorganisms，有益微生物群）是 20 世纪 80 年代初研制的一种新型复合微生物活菌制剂，包括光合菌、酵母菌、乳酸菌、放线菌等 80多种微生物构成的具有多元功能的微生态系统。EM 复合菌剂必须与有机物质或肥沃土壤相结合才能充分发挥利用。施用 EM 复合菌剂能有效克服茄子、黄瓜的连作障碍，减少农药的使用；增加土壤中速效养分含量，提高养分有效性，增加土壤微生物总量，提高土壤生物活性（孙红霞 等，2001）。

5406 菌肥是一种放线菌肥料，是 20 世纪 50 年代由中国科学院生物所和北京农业大学从西北地区的苜蓿根上分离得到的放线菌株 5406 号研制而成，该菌能够分泌植物生长激素和抗菌物质，具有促进和调节作物生长、抑制植物病害的作用。5406 菌肥可以与厩肥、绿肥混用，或者浸种、拌种、催芽，也可作为基肥使用，对多种作物如水稻、小麦、蚕豆、蔬菜等能起到增产的作用，特别是缺磷地区增产效果更加明显。

二、茶园微生物肥料应用效果

许多学者认为茶树根际微生态环境的恶化是导致茶树连作障碍的重要因素。因此通过调控茶树根际微生物的组成和群落结构，维持微生物群落多样性，是防治茶园土壤退化的一条重要途径。

印度"Reginisms"生物肥开发中心开发生产的"P·S·M"等系列茶树生物菌肥，已经在印度茶园广泛施用，并取得良好的施用效果。中国农业科学院茶叶研究所上虞实验厂生产的"百禾福"生物活性有机肥，是以畜、禽粪为主要原料，经过无害化处理后添加腐殖质酸、氟、磷、钾、镁、硫等无机营养元素及土壤有益微生物活体造粒而成，在茶园的施用效果良好（吴洵，1999）。"肥力高"生物固氮肥是由有益菌与有机质基质复合而成的生物复合肥，属于广谱型微生物肥料，"肥力高"生物固氮菌肥在茶园施用后，明显提高了茶叶产量，且茶叶品质可达到特等水平以上（黄淑惠 等，2000）。北京农业大学植物病害防治研究室研制的生物菌剂——增产菌（广谱型微生物液体制剂），应用于茶园有增产防病作用（项秀峰，1990）。此外，有学者研究发现，与灭活基质处理相比，施用生物菌肥（磷细菌+钾细菌）能分别增加茶园土壤有机质、全氮、全磷、水解氮、速效磷、速效钾含量5.2%、13.4%、11.9%、35.4%、11.6%、38.2%，茶叶产量增加 23.9%（张亚莲 等，2008）。韩海东等（2016）开展了"三炬"生物有机肥在有机茶园的肥效试验，结果表明，与套种圆叶决明、施用鸡粪两个处理相比，施用"三炬"生物有机肥的茶树秋茶新梢分别增长了 6.36%和 2.22%，每亩的产量也分别增加了 43.3 kg和 12.3 kg；在茶叶的 3 个理化品质即水浸出物、粗纤维和茶多酚方面，施用"三炬"生物有机肥的秋茶的水浸出物含量为 39.6%、茶多酚含量为 15.5%，高于套种圆叶决明处理，低于鸡粪处理；可见，施用"三炬"生物有机肥有利于茶树生长，提高茶叶产量和理化品质，可供有机茶园选择施用。为了扭转茶园土壤酸化及土壤肥力下降对茶叶生产带来的不利影响，吴林土等（2022）于2017—2019年，以浙江松阳茶园严重酸化土壤为研究对象，通过每年施用以芽孢杆菌和木霉菌为主要成分的微生物菌剂（90 kg/hm²），结果发现，连续施用微生物菌剂3年后，山地茶园土壤 pH 值提高 0.41，梯田茶园土壤 pH 值提高 0.36，水田茶园土壤 pH 值提高 0.29，对照区茶园土壤 pH 值无显著变化；有机质、全氮、有效磷、速效钾等土壤养分指标显著提高，土壤重金属铅含量显著下降。可见，连续施用微生物菌剂可有效阻控松阳茶园土壤酸化，对土壤肥力具有显著的提升效果。

目前有关茶树生物菌肥的产品很有限，并且还存在产品的有效成分比较低，微生物种类不稳定，品种容易退化等问题。另外，茶树生物菌肥产品目前还处在肥效试验阶段，离田间实际应用还有较大差距。

第三节　无机、有机改良剂调控技术与效果

一、无机改良剂

针对酸化红壤酸度强，铝毒害严重，氮、磷、钙、镁、钾、钼和硼等养分也相对缺乏的现状，为提高产量，酸性土壤区的农民很早就采用石灰、磷矿粉、草木灰等无机改良剂改良酸性土壤。目前，国内外用于酸性土壤改良的无机改良剂主要有石灰、石灰石粉、石膏、磷石膏、磷矿粉及粉煤灰等，其中研究最广泛、应用最成熟的是石灰类改良剂。近年来随着人们对环境问题的关注，对于一些工业副产品如碱渣、粉煤灰等的农用也开展了许多研究。

石灰或者石灰石粉是最传统、最常用的酸性土壤改良材料，但施用石灰对于提高茶树产量和品质的作用不明显，并且容易引起土壤复酸化，还可能导致土壤板结。在长期施用铵态氮的茶园中使用白云石粉有较好效果，不仅可提高土壤 pH 值，而且也明显提升了茶叶产量和品质（何杨林，2010）。白云石粉的施用量依据酸化程度确定，在秋冬季与基肥混合施用，每年或隔两三年施用一次。研究发现，0.75 g/kg 石灰石+2.5 g/kg 生物炭+0.25 g/kg 过磷酸钙配制的改良剂将茶园土壤

pH 值从 4.83 提升到 5.49，对土壤养分的提升作用较大，茶叶品质明显提升，改良效果较好（张宝林，2017）。此外，还有一些成分类似于石灰和石膏的工业废弃物，如粉煤灰、赤泥、碱渣等也应用于茶园土壤的改良。王辉等（2011）研究发现，碱渣施用量为 4 500 kg/hm² 时，可将土壤 pH 值从 4.54 调节至 5.51，达到最适合茶树生长的酸度条件，并且提高了茶叶中茶多酚、咖啡碱、儿茶素、氨基酸和叶绿素含量，降低了茶叶中铅含量，使茶叶品质得到改善。

施用石灰还可以改善土壤微生物环境，提高土壤微生物 C 和 N 量、呼吸速率和代谢熵，提高微生物的生物多样性和活性（蔡东 等，2010）。石灰施用于酸性茶园土壤对土壤微生物群落结构有显著影响，功能多样性指数、结构多样性指数、细菌数量等随着石灰用量的增加而增加，土壤真菌和放线菌数量随着石灰用量的增加先增加后降低（Xue et al.，2010）。

二、有机改良剂

在农业上利用有机物料改良酸性土壤已经有千余年的历史。土壤中施用有机物质不仅能提供作物需要的养分，提高土壤的肥力水平，还能增加土壤微生物的活性，增强土壤对酸的缓冲性能。有机物料还能与单体铝复合，降低土壤交换性 Al^{3+} 的含量，减轻铝对植物的毒害作用。用作改良酸性土壤的有机物料种类很多，在农业中取材也比较方便，如家畜的粪肥、各种农作物的秸秆、绿肥和草木灰等。

1. 有机肥

与传统管理茶园相比，施用商品有机肥、菜籽饼、堆肥等纯有机肥的茶园土壤 pH 值、有机碳和全氮含量均有增加，微生物生物量碳也显著增加；并且施用时间越长，有机碳和微生物生物量碳也越高；但无机氮、有效磷、速效钾含量却有所降低，因此为保证有机茶园的长期可持续生产，需要更多的富含氮的有机肥料以及天然磷肥和钾肥（Han et al.，2013）。蒋宇航等（2017）研究发现，施用豆科绿肥 14.3 t/hm² 和羊粪 15 t/hm² 均能提高铁观音茶树根际土壤 pH 值、有机质和全氮含量、酶活性、微生物群落丰度和菌群多样性。徐华勤等（2010）发现有机肥施用（饼肥+磷钾肥+稻草覆盖）能增加茶园土壤微生物量碳 10.84%，增加微生物量氮 17.77%，显著提高茶园土壤嫌气性自生固氮菌和氨化细菌的数量。可见，针对酸化、贫瘠的红壤，有机肥比石灰等化学改良剂更具优势。

2. 作物秸秆等农业废弃物

用有机物料改良土壤酸度的传统观念认为，施用有机物可以增加土壤有机质水平，降低土壤活性铝含量，减轻铝对植物的毒害，促进作物生长。然而，近年来的研究结果表明，某些植物物料对土壤酸度具有明显的改良作用，其改良机制不仅是通过增加土壤的有机质来增加土壤阳离子交换量，而且还因为植物物料含有一定量的碱，能对土壤酸度起到直接的中和作用，可在短期内见效（Yan et al.，2000；Xu et al.，2003；Xu et al.，2006）。植物物料对土壤酸度的改良效果随着植物种类和土壤性质而变化。在一定条件下，豆科类植物物料比非豆科类植物物料的改良效果更佳，因为前者比后者含有更多的碱性物质。Wang 等（2009）用恒温培养实验研究了 4 种非豆科农作物秸秆（油菜秸秆、小麦秸秆、玉米秸秆和稻草）和 5 种豆科植物物料（花生秸秆、大豆秸秆、蚕豆秸秆、豌豆秸秆和紫云英绿肥）对强酸性茶园土壤的改良作用，结果表明添加豆科类和非豆科类植物物料都提高了土壤的 pH 值，但豆科植物物料的改良效果明显优于非豆科植物物料。

3. 生物质炭

生物质炭是作物秸秆、果木修剪枝条、农产品下脚料、动物粪便等各种来源的废弃生物质在厌氧环境下发生热解反应生成的黑色固体。近年来的研究结果表明，作物秸秆在厌氧条件下低温热解制备的生物质炭具有较高的 pH 值，通常呈碱性，可用于改良酸性土壤（Yuan et al.，2011a，2011b；袁金华 等，2012）。生物质炭比较稳定，不易被微生物分解，可以克服直接使用秸秆存在的不足。生物质炭改良土壤的优点在于：①具有较高的 pH 值，可以中和土壤酸度，降低铝对作物的毒害作用；②本身富含营养元素，可以提高土壤有效养分的含量；③具有较大的表面积和高度的孔隙结构，可以提高对养分的保持能力；④生物质炭的多孔结构为微生物提供了活动场所，有利于微生物群落的发展（袁金华 等，2012）。

目前，已有利用农作物秸秆和生物质炭改良酸化茶园土壤的相关报道。吴志丹等（2012）研究发现，在茶园中施用小麦秸秆烧制的生物质炭 8 t/hm²、16 t/hm²、32 t/hm²、64 t/hm²，均可不同程度地提高土壤 pH 值，降低交换性酸含量，提高土壤阳离子交换量和盐基饱和度，但对茶叶产量影响不明显。李苗（2018）研究发现，施用生物质炭能显著提高茶园土壤 pH 值；与纯施肥实验组相比，施用 10 t/hm² 的生物质炭同时分别配施 N 肥 200 kg/hm²、225 kg/hm²、250 kg/hm² 时，均能不同程度地提高土壤阳离子交换量、有机质、全氮以及速效磷含量，并提高茶鲜叶产量。卢再亮等（2013）向茶园中施加不同种类生物炭的研究发现，茶园 pH 值提高程度与生物炭的种类相关，与生物炭的施用量呈正相关。李艳春等（2018）研究发现，常规施肥基础上再施用 40 t/hm² 生物质炭不仅可改善茶园土壤酸化状况和土壤肥力，而且能增加土壤微生物的代谢活性和微生物量，提高多样性指数，改善微生物群落结构，对宿根连作铁观音茶树的生长具有促进作用。有机物料调控技术较为健康环保，效果更为温和，是改良退化茶园土壤性质的有效措施之一。

第四节　复合栽培调控技术与效果

一、茶园复合栽培生态学原理

茶园复合栽培是充分利用了茶树生态位原理，在水平和垂直空间上都提供了其他种群可以占有生存的位置。茶园复合种植模式是以茶树为主要植物，间作或者套作其他高、矮秆植物（李传恺 等，2022）。茶园是一个比较独特的体系，地上部生长周期长，一般的茶园经济年限可达数十年，通过修剪、台刈等农艺措施，使茶树发挥更大的生产潜力，延长经济年限。而茶园采用的条带行栽培，行与行之间有一定宽幅的工作道，用于采摘、修剪、施肥作业等，在非农忙季节，这种宽幅的工作道就处于空闲状态。在同一水平上，生态位分明。茶园主要是以叶芽为输出物质，采用的方式是手工采摘或机采，因此茶园树体培育通过修剪控制树高，使茶园整体上保持一致，以利于茶园的统一管理。茶园垂直空间最大值都控制在 1 m 左右，树冠以上有更多的利用和发展空间，生态位垂直分明（陈清华 等，2023）。

二、适合茶园复合栽培的物种

茶园复合种植的物种主要有木本植物、草本植物、藤本植物及微生物类（表6-1）。茶园与林木复合栽培的研究较早，林木属于木本植物，树型高大，以乔木为主，而茶树喜阴，因此林木对茶园微域气候环境具有调节作用，并且对根际土壤微生物群落影响也较大。草本植物生长周期短，经常采用与茶树等距间作的方式种植，草本植物种类较多，可分为豆科、十字花科、菊科、禾本科等。另外，也有少数藤本植物如葡萄、猕猴桃、吊瓜等与茶树进行复合栽培。此外，茶园还可以套种食用菌类，如灵芝、长根菇、白参菌等。生产实际中，茶园与木本植物复合种植以果树树种较多，与草本植物复合种植以豆科类较多。

表 6-1　茶园常见复合种植的植物

分类		常见代表
木本植物	落叶乔木	银杏、杜仲、山桐子、泡桐、香椿、枣树、板栗、桃、乌桕、油桐、橡胶、冬樱花、旱冬瓜、山苍子
	常绿乔木	石榴、柿子、梨、山楂
藤本植物	木质藤本	葡萄、猕猴桃
	草质藤本	吊瓜
草本植物		花生、白三叶、紫云英、大豆、金花菜、紫花苜蓿、圆叶决明、箭舌豌豆、豌豆、鲁冰花、金盏菊、油菜、鼠茅草、黑麦草、菌巨草、玉米、甘蔗、荞麦、白芋、藿香、须苞石竹、肥皂草、丛生福禄考、辣椒、马铃薯
微生物		灵芝、白参菌、长根菇、榆黄蘑

注：资料引自陈清华等（2023）。

三、茶园复合栽培模式

山地生态茶园经历了不断发展的过程，各地涌现出许多成功的经营经验与有效的生产模式。就其模式而言，主要可以归纳为 6 个方面。

一是茶—林结合型模式。该模式以高山区域居多，一般在茶园四周均有森林环绕，同时配套山边沟种植方式，顺坡开垦栽培，按照一定距离布局机耕道，同时在边坡（或者边沟）与梯壁上播种多品种组合的牧草，防控水土流失。

二是茶—果间作型模式。该模式以丘陵坡地居多，一般按照梯台优化开垦，拉后沟补前埂，起垄加高，种草固土，拦截水流，涵养水分，防控流失，保护茶园生态环境。同时在茶园内按照一定比例（15%～20%）套种果树，尤其以套种落叶果树为主，夏可遮阴，冬可透光。有的果园布局比较优雅，左看一条条，右看一排排，井然有序，美观简洁，其往往与休闲观光茶园融合建设，一举多得。

三是茶—草结合型模式。该模式适宜性比较广，高山茶园，坡地茶园，梯台茶

133

园皆可。其主要在茶园中按照适当比例套种牧草（多以豆科牧草为主），目的在于有效防控水土流失，同时收获生草就地翻压作绿肥，增加土壤有机质，调节土壤酸度，培肥茶园地力。

四是茶—菌结合型模式。该模式通常是在茶—草模式基础上，收获牧草之后，就地在茶树之下接种栽培大球盖菇或者竹荪等食用菌品种，收取菇体之后，将食用菌的废弃物（或者下脚料）翻压作有机肥，其培肥效果优于生草直接作绿肥的处理。

五是茶—药间作型模式。其是指在茶园中套种中草药，尤其是耐阴性的中草药品种，其增收效果也是十分可观的。

六是茶—牧结合型模式。在山地茶园，尤其是在边远的山地茶园，经营者往往在套种豆科牧草的茶园中适度放养鸡或者鹅等，外加一些人工饲料，形成以草养禽，禽粪肥园的循环利用模式，在生产茶叶的同时收获野外饲养的家禽等产品，起到一场多用的功效。

翁伯琦等（2015）将山地生态茶园模式归纳为茶—X复合型，即在完善山地茶园工程措施基础上，优化配置相关生物措施或者环节X，其中X可以为单因素，也可以为多因素。经营者可以因地制宜地结合各自经营的山地茶园实际，优化选择并合理配置X因素，可以是2个因子的组合，也可以是7个因子的组合。例如林—茶—果—草—菌—禽—肥有序循环利用的技术组合，或者优化选择其中2~7个不等因子构建成短链、中链或者长链的递进模式，但要如何选择因子组合链接而成，则必须关注实际经营的价值，决不可盲目扩大或者无效延伸，要以效益最大化为原则，讲求规模效应与生态法则，注重资源节约与环境保护，力求实现高效经营与农民增收的目的。

四、复合栽培生态效应

目前，生产实际中常见的有茶林复合、茶果复合、茶草复合、茶豆复合、茶菌复合等栽培模式，这些模式可以克服单作茶园的弊端，改善茶园小气候，增加茶园生态系统物种多样性，提高肥料利用率，实现保护土壤、增加产量和提高品质的目的。

朱海燕等（2005）研究发现，茶柿间作系统中，柿树对茶树的生长和茶叶品质的影响是有益的。间作后，茶树根系分泌物的量发生了变化，氨基酸含量增加，可溶性糖和多酚类物质含量减少，酚氨浓度比大幅度下降，有利于茶叶品质提升；根系分泌有机酸的量减少，减缓土壤酸化，提高土壤的 pH 值，土壤的理化性质得到了改善，更适宜茶树的生长。因此，茶柿间作系统从根际微环境这个角度来看是一个理想的复合生态模式。

栗茶间作模式是安徽省大别山区进入 20 世纪 90 年代发展起来的一种复合栽培模式。板栗属喜光落叶深根性乔木，茶树系耐阴常绿根系较浅的小灌木，栗茶间作模式具有空间配置合理、种间关系协调、对资源环境利用充分的良好生态学基础。与纯茶园相比，栗茶间作模式有利于改善光、温、水、大气状况，改良土壤结构，提高土壤肥力和土壤细菌丰富度，减少杂草和病虫害，提高茶叶品质，是科学有效的生态栽培手段（刘相东 等，2016；李孟 等，2022）。

白三叶草（*Trifolium repens*）为豆科多年生牧草，有根瘤，可大量固定空气中的氮素。白三叶草和茶树一样喜温凉湿润气候，耐阴湿，在 pH 值为 4.5～8.5 的土壤中均可生长，被农业农村部列为全国推广果园生草覆盖技术的首选草种。茶树间作白三叶草能提高土壤孔隙度，提高有机质、水解氮和有效磷含量，提高土壤水分含量，营造有利于蚯蚓生长的土壤环境，增加土壤有机碳含量和微生物量碳、氮、磷（向佐湘 等，2008）。茶树和白三叶草间作能形成茶树—伴生生物群落系统的立体环境，可通过自我调节实现茶园的生态平衡，促进茶树生长，增加茶叶产量，改善茶叶品质（肖润林 等，2008）；与清耕茶园相比，茶园间作白三叶草后，春秋茶的酚氨比分别下降了 17.10% 和 30.90%，产量提高了 32.65%（宋同清 等，2006）。此外，茶园间作大豆或者花生能有效提高茶叶的生物成分含量（包括茶多酚、氨基酸、咖啡碱及水浸出物等），改善茶叶品质（陆金梅 等，2017）。

可见，茶园多样性栽培能提高茶园生态系统的生态效益和经济效益。但目前茶园复合栽培模式并未得到大面积推广，需要不断从理论和实践方面逐步完善和提高。

参考文献

蔡东，肖文芳，李国怀，2010. 施用石灰改良酸性土壤的研究进展 [J]. 中国农学通报，26（9）：206-213.

陈爱梅，李世民，阎兴泉，等，2005. 几种微生物肥料在玉米上应用效果对比

试验 [J]. 现代化农业 (5)：133-135.

陈岱卉，程泽新，2014. 茶园测土配方施肥 [J]. 湖南农业 (6)：26.

陈清华，崔清梅，罗鸿，等，2023. 我国茶园复合种植模式研究进展 [J]. 中国茶叶，45 (2)：8-15.

韩海东，王俊宏，林克明，等，2016. "三炬"生物有机肥在有机茶园肥效试验初探 [J]. 茶叶学报，57 (4)：188-191.

何杨林，2010. 茶园土壤酸化的原因及改良 [J]. 蚕桑茶叶通讯 (6)：33-35.

黄淑惠，林秀美，陈信石，2000. 茶园施用"肥力高"生物固氮菌肥试验初报 [J]. 福建茶叶 (1)：4-5.

蒋宇航，林生，林伟伟，等，2017. 不同肥料对退化茶园根际土壤微生物代谢活性和群落结构的影响 [J]. 生态学杂志，36 (10)：2894-2902.

李传恺，陈敦桥，2022. 栗茶间作模式对茶园生产与效益的影响 [J]. 中国茶叶，44 (5)：18-21.

李茜，2018. 生物质炭及减量施肥对茶园地表径流氮磷流失和土壤培肥效应的影响 [D]. 杭州：浙江大学.

李孟，刘琅，刀梅，等，2022. 栗—茶间作茶园土壤化学性质和细菌丰富度分析 [J]. 经济林研究，40 (1)：58-65.

李明，2001. 微生物肥料研究 [J]. 生物学通报，36 (7)：5-7.

李艳春，李兆伟，林伟伟，等，2018. 施用生物质炭和羊粪对宿根连作茶园根际土壤微生物的影响 [J]. 应用生态学报，29 (4)：1273-1282.

连宾，臧金平，袁生，2004. 微生物肥料科学研究中几个热点问题 [J]. 南京师大学报（自然科学版），27 (2)：65-69.

刘德发，2013. 武平绿茶投产茶园测土配方平衡施肥技术试验小结 [J]. 中国茶叶，35 (3)：19-21.

刘相东，毕彩虹，谭建平，等，2016. 栗茶间作与覆草对茶树生长环境和茶叶品质的影响 [J]. 安徽农业科学，44 (34)：26-27.

卢再亮，李九玉，徐仁扣，2013. 钢渣与生物质炭配合施用对红壤酸度的改良效果 [J]. 土壤，45 (4)：722-726.

陆金梅，韦持章，陈远权，等，2017. 茶园间作豆科作物对茶叶品质的影响 [J]. 中国园艺文摘，33 (7)：221-222.

马欣，成妍，马蓉丽，2019. 植物根围促生细菌促生机制研究进展 [J]. 山东农业科学, 51 (5): 148-154.

潘阳和, 2011. 太湖县茶园测土配方施肥技术应用探讨 [J]. 安徽农学通报, 17 (12): 241-242.

宋同清, 王克林, 彭晚霞, 等, 2006. 亚热带丘陵茶园间作白三叶草的生态效应 [J]. 生态学报, 26 (11): 3648-3656.

孙福来, 王文风, 张金光, 等, 2002. 硅酸盐菌剂在小麦上的应用效果 [J]. 土壤肥料 (3): 31-32.

孙红霞, 武琴, 郑国祥, 等, 2001. EM对茄子、黄瓜抗连作障碍和增强土壤生物活性的效果 [J]. 土壤, 33 (5): 264-267.

田润泉, 吕闰强, 2016. 配方施肥对茶园土壤养分状况及茶鲜叶产量品质的影响 [J]. 茶叶学报, 57 (3): 149-152.

田颖, 2005. 固氮菌肥的作用及使用方法 [J]. 西北园艺 (8): 31.

万璐, 康丽华, 廖宝文, 等, 2004. 红树林根际解磷菌分离、培养及解磷能力的研究 [J]. 林业科学研究, 17 (1): 89-94.

王红娟, 龚自明, 2008. 茶园测土配方施肥土壤取样技术 [J]. 茶叶科学技术 (3): 46-48.

王辉, 徐仁扣, 黎星辉, 2011. 施用碱渣对茶园土壤酸度和茶叶品质的影响 [J]. 生态与农村环境学报, 27 (1): 75-78.

王健, 刁治民, 2006. 土壤微生物在促进植物生长方面的作用与发展前景 [J]. 青海草业, 15 (4): 23-26.

翁伯琦, 王义祥, 钟珍梅, 2015. 山地生态茶园复合栽培技术的研究与展望 [J]. 茶叶学报, 56 (3): 133-138.

吴林土, 徐火忠, 李贵松, 等, 2022. 微生物菌剂对松阳茶园土壤酸化改良及肥力提升的效果分析 [J]. 浙江农业科学, 63 (6): 1245-1249.

吴洵, 1999. 茶园生物活性有机肥的推广和应用 [J]. 中国茶叶 (3): 2-4.

吴志丹, 尤志明, 江福英, 等, 2012. 生物质炭对酸化茶园土壤的改良效果 [J]. 福建农业学报, 27 (2): 167-172.

夏振远, 李云华, 杨树军, 2002. 微生物菌肥对烤烟生产效应的研究 [J]. 中国烟草科学, 23 (3): 28-30.

向佐湘, 肖润林, 王久荣, 等, 2008. 间种白三叶草对亚热带茶园土壤生态系统的影响 [J]. 草业学报, 17 (1): 29-35.

项秀峰, 1990. 增产菌在茶园中的推广应用 [J]. 茶业通报 (1): 20-21.

肖润林, 向佐湘, 徐华勤, 等, 2008. 间种白三叶草和稻草覆盖控制丘陵茶园杂草效果 [J]. 农业工程学报, 24 (11): 183-187.

徐华勤, 肖润林, 向佐湘, 等, 2010. 不同生态管理措施对丘陵茶园土壤微生物生物量和微生物数量的影响 [J]. 土壤通报, 41 (6): 1355-1359.

薛泉宏, 同延安, 2008. 土壤生物退化及其修复技术研究进展 [J]. 中国农业科技导报, 10 (4): 28-35.

薛智勇, 汤江武, 钱红, 等, 1996. 硅酸盐细菌在不同土壤中的解钾作用及对甘薯的增产效果 [J]. 土壤肥料 (2): 23-26.

杨兴洪, 罗新书, 刘润进, 等, 1992. 利用 VA 菌根真菌解决苹果重茬问题 [J]. 落叶果树 (4): 5-7.

袁金华, 徐仁扣, 2012. 生物质炭对酸性土壤改良作用的研究进展 [J]. 土壤, 44 (4): 541-547.

袁田, 熊格生, 刘志, 等, 2009. 微生物肥料的研究进展 [J]. 湖南农业科学, 37 (7): 44-47.

曾玲玲, 崔秀辉, 李清泉, 等, 2009. 微生物肥料的研究进展 [J]. 贵州农业科学, 37 (9): 116-119.

张宝林, 2017. 庐山云雾茶茶园土壤酸度和肥力改良措施研究 [D]. 南昌: 南昌航空大学.

张利亚, 李嫚, 2019. PGPR 作用机制及其在农业上的应用研究进展 [J]. 现代农业科技 (24): 142-146.

张晓霞, 马晓彤, 曹卫东, 等, 2010. 紫云英根瘤菌的系统发育多样性 [J]. 应用与环境生物学报, 16 (3): 380-384.

张亚莲, 常硕其, 刘红艳, 等, 2008. 茶园生物菌肥的营养效应研究 [J]. 茶叶科学, 28 (2): 123-128.

章明清, 李娟, 尤志明, 等, 2015. 投产铁观音茶园氮磷钾施肥指标研究 [J]. 茶叶学报, 56 (3): 151-158.

朱海燕, 刘忠德, 王长荣, 等, 2005. 茶柿间作系统中茶树根际微环境的研究 [J]. 西南师范大学学报 (自然科学版), 30 (4): 715-718.

CATSKA V, 1994. Interrelationships between vesicular-arbuscular mycorrhiza and rhizosphere microflora in apple replant disease [J]. Biological Plant, 36: 99-104.

HAN W, XU J, WEI K, et al., 2013. Soil carbon sequestration, plant nutrients and biological activities affected by organic farming system in tea [*Camellia sinensis* (L.) O. Kuntze] fields [J]. Soil Science and Plant Nutrition, 59 (5): 727-739.

KHAN N, BANO A, BABAR M A, 2017. The root growth of wheat plants, the water conservation and fertility status of sandy soils influenced by plant growth promoting rhizobacteria [J]. Symbiosis, 72 (3): 195-205.

WANG N, LI J, XU R K, 2009. Use of agricultural by-products to study the pH effects in an acid tea garden soil [J]. Soil Use and Management, 25 (2): 128-132.

XU J M, TANG C, CHEN Z L, 2006. The role of plant residues in pH change of acid soils differing in initial pH [J]. Soil Biology and Biochemistry, 38 (4): 709-719.

XU R K, COVENTRY D R, 2003. Soil pH changes associated with lupin and wheat plant materials incorporated in a red-brown earth soil [J]. Plant and Soil, 250 (1): 113-119.

XUE D, HUANG X, YAO H, et al., 2010. Effect of lime application on microbial community in acidic tea orchard soils in comparison with those in wasteland and forest soils [J]. Journal of Environmental Sciences, 22: 1253-1260.

YAN F, SCHUBERT S, 2000. Soil pH changes after application of plant shoot materials of faba bean and wheat [J]. Plant and Soil, 220 (1-2): 270-287.

YUAN J H, XU R K, ZHANG H, 2011a. The forms of alkalis in the biochar produced from crop residues at different temperatures [J]. Bioresource Technology, 102 (3): 3488-3497.

YUAN J H, XU R K, 2011b. The amelioration effects of low temperature biochar generated from nine crop residues on an acidic Ultisol [J]. Soil Use and Management, 27 (1): 110-115.

第七章　不同类型生物质材料对茶园土壤酸度的调控效果

由于酸雨、人为施肥管理不当以及茶树生长过程中的自身代谢作用等种种原因，茶园土壤酸化问题日趋严重。茶园土壤酸化会导致土壤养分贫瘠化、物理性状恶化、微生物生长受到抑制、土壤重金属被活化等问题，进而抑制茶树生长发育和降低茶叶品质（马立峰，2001）。因此，寻求控制茶园土壤酸化的管理措施已成为当前茶叶生产中迫切需要解决的问题。另外，通过改良茶园土壤酸化来实现对茶树根际微生态的调控也是目前解决连作障碍问题的重要途径。

第一节　农业副产物对茶园土壤酸度的调控效果

已有大量的研究证明农业副产物（如植物残体、动物粪便）可以作为备选的灰性材料来改良酸性土壤，这些灰性物质可通过减轻铝毒来促进植物的生长（Wong et al.，1998；Mokolobate et al.，2002；谢少华 等，2013）。相对于石灰，来自种植业和养殖业的农业副产物如稻秸、麦秸、厩肥等来源丰富、价格低廉，是一种温和的改良剂。此外，由农作物秸秆在厌氧条件下低温热解产生的生物质炭不仅含有作物所需的氮、磷、钾、钙、镁等营养元素，而且生物质炭一般呈碱性，因此也可以用作酸性土壤的改良剂。

本研究采用室内培养试验，选择稻秸、麦秸、生物质炭（小麦秸秆炭化副产品）、羊粪4种生物质材料，按2%和4%两个水平添加至茶园土壤中，约相当于田间用量分别为40 t/hm² 和80 t /hm²。供试土壤取自福建省安溪县感德镇山地茶园，pH 值为3.76，有机碳含量21.81 g/kg，总氮1.62 g/kg，速效氮39.65 mg/kg，速效磷83.90 mg/kg，速效钾121.64 mg/kg。物料与土壤充分混合均匀后，用去离子水将含水量调节至田间持水量的70%。在25 ℃的恒温培养箱中培养，保证培养过程中土壤含水量恒定，培养 90 d 后取土样测定 pH 值、土壤交换性酸、交换性铝、交换性盐基、阳离子交换量等指标，评价这些生物质材料在不同施用量水平下对茶园酸化土壤的改良效果，以期寻求较佳的改良物料和施用量，为酸性茶园土壤改良工作提供科学依据。

一、土壤 pH 值变化

稻秸、麦秸、生物质炭和羊粪 4 种生物质材料的主要化学成分见表 7-1。经过 90 d 培养，在 2% 添加水平下，稻秸、麦秸、生物质炭和羊粪处理的土壤 pH 值分别比对照显著提高了 0.72、0.53、0.77、0.72 个单位，但稻秸、生物质炭和羊粪 3 种物料处理之间差异不显著（$P > 0.05$）；当添加水平增加到 4% 时，稻秸、麦秸、生物质炭和羊粪处理的土壤 pH 值分别比对照显著提高了 0.89、0.76、1.16、1.32 个单位，并且各物料处理间差异达到显著水平（$P < 0.05$）（图 7-1）。可见，4 种物料添加都不同程度地提高了土壤 pH 值，且随着添加量的增加，pH 值也显著增加。

表 7-1　生物质材料的化学成分

有机物料	pH 值	灰化碱（cmol/kg）	K（cmol/kg）	Ca（cmol/kg）	Mg（cmol/kg）	有机碳（%）	全氮（%）	全磷（%）	C/N
稻秸	6.58c	32.00c	70.91c	37.86b	5.36d	41.64c	0.62c	0.18c	67.16b
麦秸	8.30a	23.83c	75.49b	28.96c	6.18c	47.17b	0.35d	0.11c	134.77a
生物质炭	8.43a	97.33b	23.77d	97.60a	9.28b	57.57a	1.27b	0.35b	45.33c
羊粪	8.03b	124.50a	101.04a	98.85a	10.34a	35.74d	2.53a	0.58a	14.13d

注：同列数据不同小写字母表示在 $P < 0.05$ 水平上差异显著。

二、土壤交换性酸变化

吸附在土壤胶体上的交换性酸离子（H^+ 和 Al^{3+}），是土壤酸度的一个容量指标。4 种生物质材料添加显著降低了茶园土壤交换性 Al^{3+} 含量和交换性酸含量（表 7-2），在 2% 的添加水平下，稻秸、麦秸、生物质炭和羊粪处理的土壤交换性 Al^{3+} 含量分别比对照显著降低了 30.73%、32.92%、35.73% 和 52.90%，且羊粪与其他处

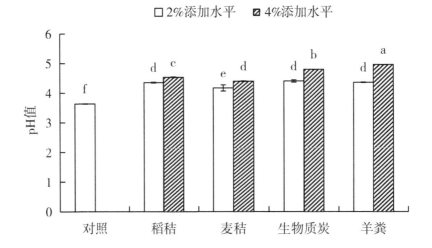

图 7-1 不同生物质材料添加对茶园土壤 pH 值的影响

注：图中不同小写字母表示不同处理间在 $P<0.05$ 水平上差异显著。

理之间的差异显著。在 4%添加水平下，稻秸、麦秸、生物质炭和羊粪处理的土壤交换性 Al^{3+} 含量分别比对照显著降低了 46.52%、41.17%、87.96%和 89.79%，其中羊粪和生物质炭处理比麦秸和稻秸处理显著降低了土壤交换性 Al^{3+} 含量。除麦秸外，其他处理均随添加量的增加土壤交换性 Al^{3+} 含量显著降低。4 种物料添加对交换性酸的影响与对交换性铝的影响类似，也是随着添加量的增加，交换性酸含量显著降低。只有麦秸和 4%生物质炭添加显著增加了交换性 H^+ 含量，其他生物质材料对交换性 H^+ 含量的影响不显著（表 7-2）。

表 7-2 不同生物质材料添加对茶园土壤交换性酸的影响

处理	交换性 H^+ （cmol/kg）	交换性 Al^{3+} （cmol/kg）	交换性酸 （cmol/kg）
对照	0.60d	7.47a	8.07a
稻秸（2%）	0.62cd	5.18b	5.80bc
稻秸（4%）	0.62cd	4.00cd	4.61d
麦秸（2%）	1.13b	5.01bc	6.14b
麦秸（4%）	0.87bc	4.40c	5.27c

（续表）

处理	交换性 H^+ （cmol/kg）	交换性 Al^{3+} （cmol/kg）	交换性酸 （cmol/kg）
生物质炭（2%）	0.40d	4.80bc	5.21c
生物质炭（4%）	1.83a	0.90e	2.73e
羊粪（2%）	0.60d	3.52d	4.12d
羊粪（4%）	0.52d	0.76e	1.28f

注：同列不同小写字母表示在 $P < 0.05$ 水平上差异显著。

三、土壤交换性能变化

土壤阳离子交换量（CEC）常被作为土壤缓冲能力以及供肥、保肥能力的重要指标。与对照相比，羊粪在2%和4%添加量下都显著提高了茶园土壤的 CEC，增幅分别为 16.33% 和 24.49%（$P < 0.05$）；麦秸在 4% 的添加量下也显著提高了 CEC，增幅为 7.63%（$P < 0.05$），在 2% 的添加量下则显著降低了 CEC；而其他处理与对照相比差异不显著（表 7-3）。土壤交换性盐基离子总量和盐基饱和度是用来衡量土壤中盐基数量以及交换盐基在土壤中所占比例，是反映酸性土壤交换性能的两个重要指标。农业废弃物含有丰富的 K、Ca、Mg 等灰分元素，施入土壤可显著增加交换性盐基离子含量，提高盐基饱和度，并且各种农业废弃物对土壤交换性能的影响程度随添加量的增加而增强。在 2% 添加水平下，4 种物料对土壤交换性能的改良效果依次为：羊粪＞麦秸＞生物质炭＞稻秸；在 4% 的添加水平时，4 种物料的改良效果依次为：羊粪＞生物质炭＞稻秸＞麦秸。可见，羊粪改良效果最佳，随着添加量的增加，生物质炭和稻秸的改良效果显著提高，而麦秸的改良效果则不明显。

表 7-3　不同生物质材料添加对茶园土壤交换性能的影响

处理	交换性盐基离子总量（cmol/kg）				CEC （cmol/kg）	盐基饱和度 （%）
	$1/2\ Ca^{2+}$	$1/2\ Mg^{2+}$	K^+	总量		
对照	1.28e	0.09f	0.07f	1.44e	9.31d	15.47e
稻秸（2%）	1.74d	0.15e	1.37d	3.26d	9.64cd	33.82d

143

（续表）

处理	交换性盐基离子总量（cmol/kg）				CEC（cmol/kg）	盐基饱和度（%）
	1/2 Ca²⁺	1/2 Mg²⁺	K⁺	总量		
稻秸（4%）	2.17d	0.21de	3.09b	5.47bc	8.90d	61.46b
麦秸（2%）	2.17d	0.18de	1.59d	3.93d	8.27e	47.52c
麦秸（4%）	1.86d	0.25d	2.86b	4.98c	10.02c	49.70c
生物质炭（2%）	2.90c	0.23d	0.36e	3.48d	9.58cd	36.33d
生物质炭（4%）	4.28b	0.35c	1.21d	5.84bc	9.10d	64.18b
羊粪（2%）	3.71b	0.61b	2.04c	6.36b	10.83b	58.73bc
羊粪（4%）	5.37a	0.86a	3.82a	10.05a	11.59a	86.71a

注：同列不同小写字母表示在 $P < 0.05$ 水平上差异显著。

四、土壤硝态氮含量变化

铵态氮和硝态氮是植物根系吸收的主要氮源，培养 90 d 后，各处理的铵态氮含量都很低，变幅为 1.05～2.25 mg/kg，且处理间差异不显著。各处理的硝态氮含量变化见图 7-2。与对照相比，添加羊粪处理引起土壤中硝态氮含量的显著增加，在

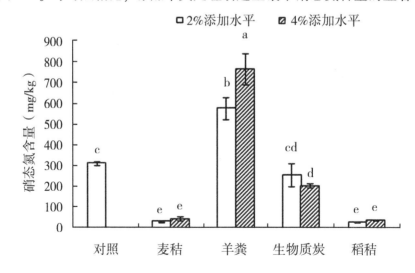

图 7-2　不同生物质材料添加对茶园土壤硝态氮含量的影响

注：图中不同小写字母表示不同处理间在 $P < 0.05$ 水平上差异显著。

2%和4%的添加水平下分别比对照提高了85.03%和146.07%（$P < 0.05$）；生物质炭处理在2%的添加水平下与比照差异不显著，在4%的添加水平下比对照有所减少，减幅为34.17%；麦秸和稻秸的添加反而显著减少了土壤硝态氮含量，这可能是由于秸秆碳氮比过大，在腐烂分解过程中微生物生长消耗土壤中的氮素，因此添加后硝态氮含量反而变得更低。

五、土壤酸度与物料性质的相关性分析

通过相关性分析发现，物料的灰化碱含量、钙离子、全氮和全磷与土壤 pH 值、交换性铝、土壤交换性酸之间存在显著的相关性（表7-4）。

表 7-4　土壤酸度指标与物料性质的相关性分析

酸度指标	灰化碱	物料pH 值	Ca^{2+}	Mg^{2+}	K^+	有机碳	全氮	全磷	C/N
土壤 pH 值	0.99*	0.28	0.96*	0.94	0.06	-0.17	0.95*	0.98*	-0.17
交换性铝	-0.98*	-0.46	-0.99**	-0.96*	0.17	-0.09	-0.96	-0.90	-0.09
交换性酸	-0.99**	-0.31	-0.95	-0.95	-0.13	0.22	-0.97*	-0.99**	0.22

注：＊表示显著相关（$P < 0.05$）；＊＊表示极显著相关（$P < 0.01$）。

六、小结与讨论

已有研究表明，生物质材料对土壤 pH 值的改变主要受以下 3 个因素影响。①生物质材料中灰化碱的释放可直接中和土壤酸度，提高土壤 pH 值；②微生物分解生物质材料时，有机氮矿化形成铵态氮会消耗质子，提高土壤 pH 值；③矿化产生的铵态氮的硝化作用会释放质子，降低土壤 pH 值（Xu et al., 2003；Xu et al., 2006）。生物质材料加入土壤后，灰化碱能够很快释放，土壤 pH 值快速升高，而铵态氮的硝化过程是在有机氮矿化之后发生的，相对滞后。有研究表明，生物质材料在土壤中的分解速率与其本身的 C/N 有关，土壤中添加 C/N 低于 25 的物料在培养初期可迅速矿化出无机氮，添加 C/N 约为 25 的物料在培养 60 d 内净矿化氮量很低，添加 C/N 高于 25 的物料在培养 210 d 后土壤中没有有机氮的净矿化（鲁彩艳等，2004）。本研究中，稻秸、麦秸、生物质炭的 C/N 高于 25，在培养 90 d 后土壤

中检测到的硝态氮含量比对照土壤低，说明这些物料未被微生物分解，添加这些物料对土壤 pH 值的影响主要取决于灰化碱的含量。羊粪 C/N 低于 25，在培养 90 d 后显著增加了土壤的硝态氮含量，说明在培养过程中发生了有机氮的矿化和铵态氮的硝化反应，添加羊粪提高土壤 pH 值是灰化碱、有机氮矿化和铵态氮硝化共同作用的结果。4 种生物质材料灰化碱含量为：羊粪＞生物质炭＞稻秸＞麦秸（表 7-1），这与 4 种生物质材料（4%添加）改良土壤酸度的效果一致。相关性分析也显示，土壤 pH 值与灰化碱含量呈显著正相关（表 7-4），表明在添加羊粪培养过程发生的铵态氮硝化作用释放的质子虽然会抵消物料的部分改良效果，但由于羊粪的灰化碱含量较高，仍然是影响土壤 pH 值的主要因素。

土壤的交换性酸由交换性氢和交换性铝构成，交换性铝是构成交换性酸的主体（于天仁 等，1996），是土壤中主要活性形态铝，对作物生长有严重的制约作用。添加生物质材料后，增加了土壤交换性盐基含量，土壤交换性铝和交换性酸减少，土壤的盐基饱和度增加（表 7-2，表 7-3）。相关性分析也发现，交换性铝与 Ca 离子、Mg 离子呈显著负相关（表 7-4），可见生物质材料的元素组成显著影响其对土壤酸度的改良效果。表 7-2 中大部分处理的交换性铝所占比例均在 60%以上，只有 4%生物质炭处理的交换性铝所占比例较低，这可能一方面是由于生物质炭通过提高土壤 pH 值，使交换性铝发生水解转化成羟基铝并部分形成铝的氢氧化物或氧化物沉淀，另一方面是由于生物质炭表面含有丰富的含氧官能团，如羧基和酚羟基等，能与铝形成稳定的络合物，使土壤交换性铝转化为低活性的有机络合态铝（袁金华 等，2012）。

土壤阳离子交换量可以用来估算土壤吸收、保留和交换阳离子的能力，来源于有机物质、黏土矿物和非晶矿物质（索龙 等，2015）。生物质材料是有机质的主要来源，增加了有机质，就增加了土壤的吸附性能，即阳离子交换量。本研究中，添加羊粪以及 4%的麦秸显著增加了土壤阳离子交换量（表 7-3）。生物质材料不但可以提高土壤 CEC，还可以将盐基离子释放出来，使土壤交换性盐基阳离子增多，交换性铝减少，因此，交换性盐基阳离子占 CEC 的比例增加。

4 个处理中只有添加羊粪显著提高了土壤硝态氮含量，麦秸、稻秸的添加反而降低了土壤硝态氮含量，这可能是由于加入的有机物料 C/N 较高，为土壤微生物提供了丰富的碳源，促进了微生物的生长繁殖，进而固持了部分土壤氮素（马宗国 等，2003）。因此，麦秸、稻秸作为物料改良酸性土壤时应配施氮肥，以防止土壤微生物与作物争肥现象发生。本研究所用的生物质炭是由小麦秸秆制备而成，由于营养元素得到浓缩和富集，所以生物质炭所含的钙、镁等盐基离子要比麦秸中高。与稻秸、麦秸相比，添加生物质炭对土壤 NO_3^--N 含量的影响较小，可见，用生物质炭中和土壤酸度可以克服直接施用农作物秸秆存在的不足。

综上所述，4 种生物质材料均能不同程度地提高酸化茶园土壤的 pH 值、降低土壤交换性酸和交换性铝含量、增加土壤盐基离子量以及提高土壤盐基饱和度，且改良效果随着添加量的增加而提升。4 个处理中只有羊粪和 4% 的麦秸显著增加了土壤阳离子交换量，其他处理对阳离子交换量的影响不显著。羊粪处理还显著增加了土壤硝态氮含量，生物质炭处理对土壤硝态氮含量的影响不显著，麦秸和稻秸反而降低了土壤硝态氮含量。综合比较，羊粪改良茶园酸化土壤的效果最佳，生物质炭次之。

第二节　豆科绿肥对茶园土壤酸度的调控效果

施用石灰或石灰石粉是改良酸性土壤的常用方法，但施入土壤后待石灰碱性消耗后土壤会再次发生酸化（即复酸化过程），并且酸化程度比之前有所加剧，其改良效果不持久（王宁 等，2007）。Wang 等（2009）发现由于豆科植物含有较高的灰化碱和有机氮，因此对土壤 pH 值的提升作用比非豆科植物更大。有研究者发现，当酸性土壤与豆科植物物料一起培养时会出现早期土壤 pH 值增加，后期明显减少，原因在于培养早期有机氮矿化产生的 NH_4^+ 在后期发生了硝化作用，即有机氮矿化过程中产生的 NH_4^+ 的硝化作用可能在一定程度上抵消了豆科植物物料对酸性土壤的改良作用（Yan et al.，2006；Xu et al.，2006）。可见，不同豆科植物物料对酸化土壤的改良效果及其机制值得进一步研究。

圆叶决明、印度豇豆、大豆是适宜热带、亚热带红壤丘陵区种植的优良绿肥品种。另外，稻秸是资源量非常丰富的农业废弃物。如果将这些植物物料利用起来，开发成绿色环保型的土壤改良剂，不仅能够满足农业生产对酸化土壤改良剂的需求，还可以节约农业成本，符合我国建设资源节约型社会的总体方针。因此，本研究选用以上 4 种植物物料，采用室内培养试验，植物物料按 2% 和 4% 两个水平添加至茶园土壤中，放置于 25 ℃恒温培养箱中培养 90 d，分别于培养的 0、3、6、10、20、30、40、50、60、70、80、90 d 取土壤样品测定 pH 值、铵态氮、硝态氮含量，在培养结束时测定土壤交换性铝、交换性酸、阳离子交换量（CEC）、交换性盐基等指标，评价这些物料对酸化茶园土壤的改良效果，为酸化茶园土壤的改良提供一些科学依据。

一、土壤 pH 值变化

大豆、印度豇豆、圆叶决明和稻秸 4 种生物质材料的主要化学成分见表 7-5。培养过程中，添加豆科植物物料的土壤 pH 值呈现出先增加后降低的趋势，在培养 20 d 时 pH 值达到最高，且 pH 值随植物材料添加量的增加而有所提高（图 7-3）。添加稻秸的土壤 pH 值在 0~3 d 有小幅增加，之后变化不明显。培养结束时，添加 2% 圆叶决明和稻秸的土壤 pH 值分别比对照提高了 0.39 和 0.71，添加 4% 圆叶决明和稻秸的土壤 pH 值分别比对照提高了 0.54 和 0.89，其他处理与对照之间的差异不明显。

表 7-5　植物物料的化学成分

植物物料	pH 值	灰化碱（cmol/kg）	K（cmol/kg）	Ca（cmol/kg）	Mg（cmol/kg）	总碳（%）	总氮（%）	C/N
大豆	5.98b	83.2b	51.64c	79.96a	9.21a	41.15d	2.78a	14.8
印度豇豆	5.63c	106.0a	111.06a	72.16b	8.97b	46.59bc	2.92a	16.0
圆叶决明	4.90e	36.0d	27.72d	65.30c	8.91b	49.74b	1.83c	27.1
稻秸	6.58a	32.0d	70.91b	37.86d	5.36c	41.64d	0.62e	67.2

注：同列不同小写字母表示在 $P < 0.05$ 水平上差异显著。

二、土壤交换性酸变化

土壤胶体上吸附的交换性离子（H^+ 和 Al^{3+}）所引起的酸度称为潜性酸，是土壤酸度的一个容量指标。2% 的添加水平时，只有圆叶决明和稻秸处理的土壤交换性 Al^{3+} 含量分别比对照显著降低了 18.07% 和 30.66%（表 7-6）。4% 添加水平时，大豆、印度豇豆、圆叶决明和稻秸处理分别比对照显著降低了 24.10%、29.05%、25.97% 和 46.45%，且稻秸处理与大豆、印度豇豆和圆叶决明处理间的差异显著。2% 的添加水平时，只有圆叶决明和稻秸处理显著降低了交换性酸含量；4% 的添加

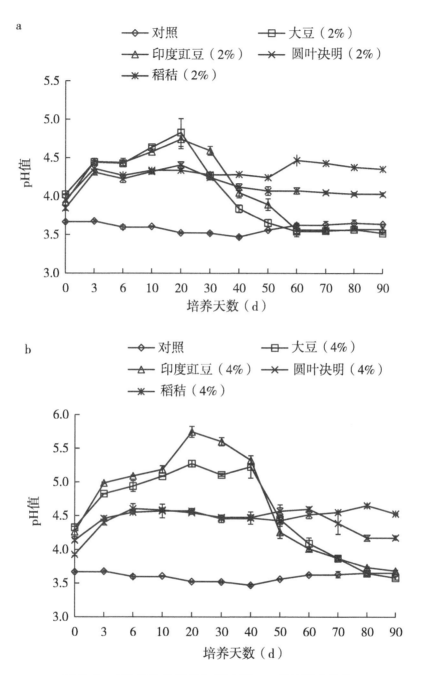

图 7-3　4 种植物物料添加后土壤 pH 值的动态变化

水平时，4 种植物物料都能显著降低交换性酸含量，结果与对交换性铝的影响类似。只有 4% 添加量的大豆和圆叶决明处理显著增加了土壤交换性 H^+ 含量，其他处理对交换性 H^+ 含量的影响不显著。

表 7-6　4 种植物物料添加对茶园土壤交换性酸的影响

处理	交换性 H^+ （cmol/kg）	交换性 Al^{3+} （cmol/kg）	交换性酸 （cmol/kg）
对照	0.60bc	7.47a	8.07a
大豆（2%）	0.69b	7.04ab	7.72ab
印度豇豆（2%）	0.63bc	7.11ab	7.75ab
圆叶决明（2%）	0.41bc	6.12b	6.53b
稻秸（2%）	0.62bc	5.18c	5.80c
大豆（4%）	1.31a	5.67bc	6.98b
印度豇豆（4%）	0.35c	5.30bc	5.65c
圆叶决明（4%）	1.14a	5.53bc	6.66b
稻秸（4%）	0.62bc	4.00d	4.61d

注：同列不同小写字母表示在 $P < 0.05$ 水平上差异显著。

三、土壤交换性能变化

土壤 CEC 是影响土壤缓冲能力高低，评价土壤保肥能力的重要指标。添加 4% 的大豆和圆叶决明能显著提高茶园土壤 CEC，增幅分别是 6.55% 和 8.81%（$P < 0.05$），其他处理与对照之间的差异不显著或有所降低（表 7-7）。4 种植物物料含有丰富的 Ca、Mg、K 等灰分元素，这些物料施入土壤可直接增加交换性盐基离子含量，提高盐基饱和度，并且 4% 添加量的增加幅度较 2% 添加量的增加幅度更高。4 种物料对土壤交换性盐基离子的增加效果依次为：印度豇豆＞大豆＞圆叶决明、稻秸。

表 7-7　植物物料对土壤交换性能的影响

处理	交换性盐基离子（cmol/kg）				CEC （cmol/kg）	盐基饱和度 （%）
	1/2 Ca^{2+}	1/2 Mg^{2+}	K^+	总量		
对照	1.28e	0.09e	0.00f	1.36f	9.31b	14.67f
大豆（2%）	2.97bc	0.36c	1.04d	4.37d	8.29c	52.57d
印度豇豆（2%）	2.45cd	0.33c	2.33c	5.10c	8.45c	60.41c

（续表）

处理	交换性盐基离子（cmol/kg）				CEC（cmol/kg）	盐基饱和度（%）
	1/2 Ca²⁺	1/2 Mg²⁺	K⁺	总量		
圆叶决明（2%）	2.57c	0.30c	0.60e	3.47e	8.27c	41.88e
稻秸（2%）	1.74d	0.15de	1.37d	3.26e	9.64ab	33.82e
大豆（4%）	4.56a	0.61a	2.32c	7.48b	9.92a	75.42b
印度豇豆（4%）	3.47b	0.51b	4.36a	8.34a	9.40ab	88.77a
圆叶决明（4%）	3.16bc	0.50b	1.27d	4.93dc	10.13a	48.67de
稻秸（4%）	2.17cd	0.21d	3.09b	5.47c	8.90bc	62.42c

注：同列不同小写字母表示在 $P<0.05$ 水平上差异显著。

四、土壤铵态氮和硝态氮变化

与稻秸相比，豆科植物物料有较高的氮含量，因此在培养过程中发生了有机氮的矿化，土壤铵态氮含量呈现出先增加后降低的趋势（图7-4）。添加2%豆科植物物料时，在培养30 d时土壤铵态氮含量增加到最大值；添加4%豆科植物物料时，在培养的40~60 d时土壤铵态氮含量达到最高。在培养后期铵态氮含量开始降低，

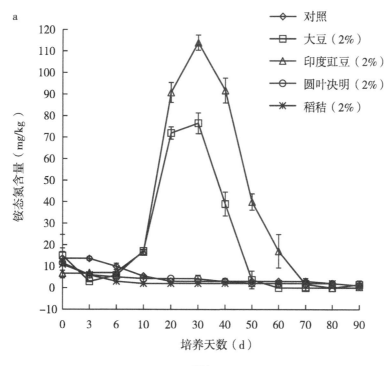

151

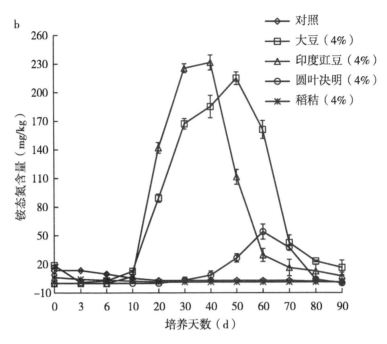

图7-4　4种植物物料添加后土壤铵态氮的动态变化

是由于铵态氮的硝化作用。从图7-5可以看出，添加豆科植物物料的土壤硝态氮含量在培养后期呈逐渐增加的趋势。培养结束时，土壤硝态氮含量大小依次为：大豆、印度豇豆＞圆叶决明＞稻秸。

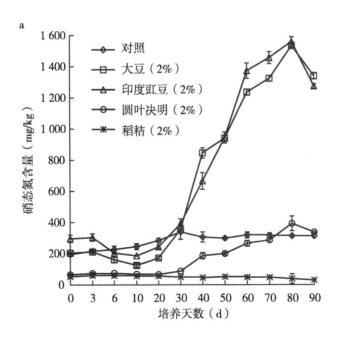

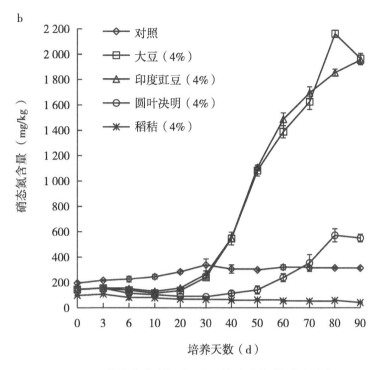

图 7-5　4 种植物物料添加后土壤硝态氮的动态变化

五、小结与讨论

已有研究表明，物料中的灰化碱含量、有机氮转化都是影响土壤 pH 值的主要因素（Xu et al.，2003；Xu et al.，2006）。物料的灰化碱含量是对有机阴离子含量的估计，随着有机物料的分解，有机阴离子被脱羧，导致质子的消耗和 CO_2 的释放（Slattery et al.，1991；Yan et al.，1996）。在本研究中，各处理的土壤 pH 值在初始 3 d 内迅速升高（图 7-3），这可能与植物材料的灰化碱含量有关。另外，本研究发现，添加大豆、印度豇豆、圆叶决明植物物料的土壤 pH 值呈现出先增加后降低的趋势（图 7-3），这可能与物料中有机氮的转化相关。有研究发现，物料中有机氮氨化为 NH_4^+ 的过程中，一个 OH^- 被释放，会导致土壤 pH 值升高；但在 NH_4^+ 硝化为 NO_3^--N 的过程中，会释放两个 H^+，又会导致土壤 pH 值下降；因此，在有机氮向 NO_3^--N 转化的整个过程中，会产生一个 H^+，导致土壤逐渐酸化（Yuan et al.，2011）。本研究中土壤有机氮的转化（图 7-4，图 7-5）正是引起土壤 pH 值动态变化的另外一个重要因素。有研究表明，添加不同 C/N 有机物料的土壤有机氮的矿化进程显著不同，土壤中添加 C/N 低于 25 的物料在培养初期可迅速矿化出无机氮，添加 C/N 约为 25 的物料在培养 60 d 内净矿化氮量很低，添加 C/N 高于 25 的物料在培养 210 d 后土壤中没有有机氮的净矿化（鲁彩艳 等，2004）。本研究中大豆和印度豇豆的 C/N＜25，圆叶决明 C/N 约为 25，都能在 90 d 的培养期内发生有机氮的氨化和铵态氮的硝化反应，因此，虽然豆科植物材料具有较高的灰化碱含量（表 7-5），但由于铵态氮硝化作用释放的质子会抵消物料的部分改良效果，因此 3 种豆科植物材料对土壤 pH 值的提升作用反而小于稻秸。

土壤交换性铝对植物根系有毒害作用，因此交换性铝的减少有益于植物的生长。添加植物物料后，减少了土壤交换性酸和交换性铝含量，土壤交换性盐基含量显著增加，盐基饱和度增加（表 7-7），这主要是受植物物料本身元素组成的影响。Escobar 等（2008）在对夏威夷热带酸性土壤进行有机物料修复时也发现交换性铝含量呈下降趋势。

总之，添加圆叶决明和稻秸能显著提升土壤 pH 值，显著降低土壤交换性铝以及交换性酸含量，增加土壤盐基离子量和土壤盐基饱和度，并且 4% 添加量的改良效果较 2% 添加量的改良效果更好。4% 的圆叶决明添加量能显著增加土壤 NO_3^--N 含量，但稻秸反而降低土壤硝态氮含量。综合比较，圆叶决明和稻秸都可以作为改良茶园酸化土壤的生物材料，但要注意稻秸作为物料改良酸性土壤时应配施氮肥。

参考文献

鲁彩艳，陈欣，2004. 有机碳源添加对不同 C/N 比有机物料氮矿化进程的影响 [J]. 中国科学院研究生院学报，21（1）：108-112.

马立峰，2001. 重视茶园土壤的急速酸化和改良 [J]. 中国茶叶，23（4）：30-31.

马宗国，卢绪奎，方丽，等，2003. 小麦秸秆还田对水稻生长及土壤肥力的影响 [J]. 作物杂志（5）：37-38.

索龙，潘凤娥，胡俊鹏，等，2015. 秸秆及生物质炭对砖红壤酸度及交换性能的影响 [J]. 土壤，47（6）：115-116.

王宁，李九玉，徐仁扣，等，2007. 土壤酸化及酸性土壤的改良和管理 [J]. 安徽农学通报，13（23）：48-51.

谢少华，宗良纲，褚慧，等，2013. 不同类型生物质材料对酸化茶园土壤的改良效果 [J]. 茶园科学，33（3）：279-288.

于天仁，季国亮，丁昌璞，1996. 可变电荷土壤的电化学 [M]. 北京：科学出版社：226-251.

袁金华，徐仁扣，2012. 生物质炭对酸性土壤改良作用的研究进展 [J]. 土壤，44（4）：541-547.

ESCOBAR M E O, HUE N V, 2008. Temporal changes of selected chemical properties in three manure amended soils of Hawaii [J]. Bioresource Technology, 99：8649-8654.

MOKOLOBATE M S, HAYNES R J, 2002. Comparative liming effect of four organic residues applied to an acid soil [J]. Biology and Fertility of Soils, 35（2）：79-85.

SLATTERY W J, RIDLEY A M, WINDSOR S M, 1991. Ash alkalinity of animal and plant products [J]. Australian Journal of Experimental Agriculture, 31：321-324.

WANG N, LI J Y, XU R K, 2009. Use of agricultural by-products to study the pH effects in an acid tea garden soil [J]. Soil Use Manage, 25：128-132.

WONG M T F, NORTCLIFF S, SWIFT R S, 1998. Method for determining the acid ameliorating capacity of plant residue compost, urban waste compost, farmyard manure and peat applied to tropical soils [J]. Communication in Soil Science and Plant Analysis, 29（19-20）：2927-2937.

XU J M, TANG C, CHEN Z L, 2006. The role of plant residues in pH change of acid soils differing in initial pH [J]. Soil Biology and Biochemistry, 38（4）：709-719.

XU R K, COVENTRY D R, 2003. Soil pH changes associated with lupin and wheat plant materials incorporated in a red-brown earth soil [J]. Plant and Soil, 250（1）：113-119.

YAN F, HÜTSCH B W, SCHUBER T S, 2006. Soil - pH dynamics after incorporation of fresh and oven-dried plant shoot materials of faba bean and wheat [J]. Journal of Plant Nutrition and Soil Science, 169（4）：506-508.

YAN F, SCHUBER T S, MENGEL K, 1996. Soil pH changes during legume growth and application of plant material ［J］. Biology and Fertility of Soils, 23：236-242.

YUAN J H, XU R K, QIAN W, et al., 2011. Comparison of the ameliorating effects on an acidic ultisol between four crop straws and their biochars ［J］. Journal of Soils and Sediments, 11：741-750.

第八章　生物质炭和羊粪对退化茶园土壤的改良效果

生物质炭是由农作物秸秆在厌氧条件下低温热解产生的，一般呈碱性，目前已广泛应用于酸性土壤的改良。据报道，施用生物质炭不仅能提高土壤的 pH 值和盐基饱和度，还能降低土壤的铝饱和度（丁艳丽 等，2013）。吴志丹等（2012）研究表明，在茶园施用小麦秸秆烧制的生物质炭能够显著提高土壤 pH 值、盐基饱和度、阳离子交换量，同时增加茶叶产量。在烟田中施用烟秆生物质炭后，能够提升酸性土壤 pH 值，促进土壤有机质及全氮的积累，烟草根际土壤的微生物种类提高了 26.4%，部分有利于植物生长的促生菌呈增长趋势（王成己 等，2017）。在森林土壤中添加生物质炭的室内培养试验发现，生物质炭显著影响土壤微生物群落组成，并且在短期内增加了关键细菌和真菌种类（Hu et al.，2014）。另外，有机肥也常常作为酸性土壤改良剂。龙光强等（2012）研究表明，长期施用猪粪有机肥能显著降低红壤旱地土壤的交换性酸含量、增加土壤盐基离子含量、提高玉米产量。施用牛粪有机肥不仅可以增加土壤 pH 值、交换性钾、钙、镁含量，而且还能增加土壤微生物群落的生物量和活性，同时也增加了玉米产量（Naramabuye et al.，2008）。各种有机肥培肥方式均能不同程度地提高茶园土壤有机质、可培养微生物数量，以及微生物量碳、氮含量和土壤酶活性（林新坚 等，2013）。徐华勤等（2010）发现，有机肥能显著提高茶园土壤好气性自生固氮菌和氨化细菌的数量。目前，关于施用生物质炭和有机肥对土壤质量影响的研究较多，但大多集中在对土壤理化性状和土壤肥力的改良上，而对土壤微生物活性和群落结构调节作用方面的研究较少。

本研究以茶园长期定位观测点为平台，选择宿根连作 20 年的铁观音茶园作为研究对象。设置 3 个处理：①常规施肥（对照），每年的 3 月、6 月、8 月、9 月各施一次复合肥（21% N，12% P_2O_5，12% K_2O），每次施入量为 750 kg/hm²；②生物质炭处理，在常规施肥基础上，生物质炭按 40 t/hm² 的量通过条施（宽和深各

20 cm）的方式施入茶树行间，及时覆土；③羊粪处理，在减量施用复合肥（复合肥施入时间与对照茶园一致，但施入量每次按 500 kg/hm²）的基础上，羊粪按7.5 t/hm² 的量通过条施方式施入茶树行间，及时覆土。每个处理3次重复，每个试验小区面积约 20 m²，随机区组排列。试验期为 2015 年 6 月至 2016 年 5 月，试验期内茶树修剪产生的废弃枝叶直接还田。于 2016 年 5 月 4 日采集茶树根际土壤和茶叶样品用于研究施用生物质炭和羊粪对酸化茶园土壤的理化性质、微生物群落结构、茶叶产量和品质的影响。该定位点位于福建省安溪县感德镇试验站（25°18′N，117°51′E），土壤类型为红壤，试验站内的茶园开垦为等高梯台形式。该区属亚热带季风气候，年平均气温 15～18 ℃，年平均降水量 1 700～1 900 mm，是名茶铁观音主产区之一。

第一节　生物质炭和羊粪对土壤理化性质的影响

一、土壤酸度变化

生物质炭和羊粪有机肥的化学成分见表 8-1，生物质炭、羊粪都呈碱性，并且都含有丰富的营养元素。施用生物质炭和羊粪后土壤 pH 值显著提高，分别比常规施肥土壤提高 0.29 和 0.20 个单位（表 8-2）。吸附在土壤胶体上的交换性酸离子（H^+ 和 Al^{3+}）是土壤酸度的一个容量指标。交换性氢含量在各处理间变化不显著，但生物质炭和羊粪处理的交换性铝含量分别比对照土壤显著下降了 21.3% 和19.3%，因此，交换性酸含量也显著下降。土壤阳离子交换量（CEC）是指土壤胶体所能吸附各种阳离子的总量，可以直接反映土壤的缓冲能力以及供肥、保肥的能力。本研究中，CEC 在各处理间差异不显著。

表 8-1　生物质炭和羊粪有机肥的化学成分

材料	pH 值	钾 （cmol/kg）	钙 （cmol/kg）	镁 （cmol/kg）	总碳 （%）	总氮 （%）	总磷 （%）	碳氮比
生物质炭	8.43	23.77	97.60	9.28	57.6	1.3	0.35	45.33
羊粪	8.03	101.04	98.85	10.34	35.7	2.5	0.58	14.13

表 8-2　不同措施处理下茶园根际土壤酸度

化学性质	常规施肥（CK）	生物质炭	羊粪
pH 值	3.89b	4.18a	4.09a
交换性酸（cmol/kg）	9.51a	7.69b	7.90b
交换性氢 $[cmol\ (H^+)\ /kg]$	1.47a	1.36a	1.42a
交换性铝 $[cmol\ (1/3\ Al^{3+})\ /kg]$	8.03a	6.32b	6.48b
阳离子交换量（cmol/kg）	9.77a	10.78a	9.86a

注：同行不同小写字母表示在 $P < 0.05$ 水平上差异显著。

二、土壤养分变化

生物质炭处理的土壤有机碳、全氮、全磷含量明显增加，分别比对照增加了 36.8%、160.0%、74.2%，但羊粪处理与对照之间的差异不显著（表 8-3）。与对照相比，生物质炭和羊粪处理的速效氮含量分别提高了 40.2% 和 32.8%，速效磷含量分别提高了 1.41 倍和 1.77 倍，速效钾含量分别提高了 2.09 倍和 1.25 倍。

表 8-3　不同措施处理下茶树根际土壤养分含量

化学性质	常规施肥（CK）	生物质炭	羊粪
土壤有机碳（g/kg）	26.13b	35.75a	28.68b
全氮（g/kg）	0.45b	1.17a	0.71ab
全磷（g/kg）	3.37b	5.87a	4.70ab
全钾（g/kg）	4.12a	4.23a	4.23a
速效氮（mg/kg）	106.87b	149.80a	141.87a
速效磷（mg/kg）	25.00b	60.33a	69.33a
速效钾（mg/kg）	26.84c	83.07a	60.47b

注：同行不同小写字母表示在 $P < 0.05$ 水平上差异显著。

第二节　生物质炭和羊粪对根际土壤微生物群落的影响

Biolog 技术能够根据微生物对不同碳源利用的方式和程度来反映微生物群体水平的生理特征。磷脂脂肪酸（PLFA）生物标记法可以较完整地检测到样品中的微生物群落变化，如细菌、真菌、放线菌、革兰氏阳性菌、革兰氏阴性菌，该方法最大的优点是可以评价活的微生物的生物量和多样性。两种方法相结合，能够获得更全面的结果。因此，本研究同时采用 Biolog 技术和 PLFA 方法，研究施用生物质炭、羊粪替代部分化肥对宿根连作 20 年铁观音茶树根际土壤微生物碳源代谢活性以及微生物群落结构的影响，旨在探明生物质炭和羊粪施用对根际土壤微生物群落的调节作用，为改善连作茶园土壤微生物环境以及缓解连作障碍提供理论依据。

一、土壤微生物碳源代谢特征

Biolog 生态板的每孔颜色平均变化率（Average well color development，AWCD）与土壤微生物群落中能利用单一碳源的微生物数量和种类有关，反映微生物对碳源利用的总体能力，AWCD 值越大，表明土壤微生物活性越强。不同措施处理茶园根际土壤微生物对碳源的利用程度均随培养时间的延长而不断升高（图 8-1）。培养 24 h 内 AWCD 增长缓慢，24～96 h AWCD 增加幅度最大；96 h 之后 AWCD 增加幅度减缓并趋于稳定。在整个培养过程中，羊粪处理的 AWCD 值最高，生物质炭处理次之，并且均明显高于对照处理，说明羊粪和生物质炭处理后茶园土壤微生物代谢旺盛，土壤微生物活性增强。

对培养 96 h 的吸光值进行微生物功能多样性分析发现，丰富度指数、香农多样性指数和均匀度指数在各处理间的变化趋势一致，均表现为羊粪＞生物质炭＞对照，但羊粪和生物质炭处理之间的差异不显著（表 8-4）。与对照相比，生物质炭和羊粪处理的丰富度指数分别提高 1.63 倍和 1.75 倍；香农多样性指数分别提高 64.4% 和 77.0%；辛普森多样性指数分别提高 23.0% 和 25.8%；均匀度指数分别提高 45.9% 和 52.9%。说明生物质炭和羊粪处理下茶树根际土壤微生物群落的物种丰富度、群落中常见物种的优势度，以及均一性均显著提高。

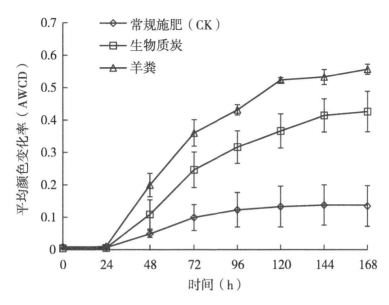

图 8-1　茶园根际土壤碳源平均颜色变化率（AWCD）

表 8-4　不同处理茶树根际土壤微生物群落的功能多样性指数

多样性指数	常规施肥（CK）	生物质炭	羊粪
丰富度指数	8.00b	21.00a	22.00a
香农多样性指数	1.55b	2.54a	2.74a
辛普森多样性指数	0.73b	0.90a	0.92a
Pielou 均匀度指数	0.52b	0.77a	0.80a

注：同行不同小写字母表示在 $P < 0.05$ 水平上差异显著。

　　与对照相比，生物质炭和羊粪处理的根际土壤微生物对 6 类碳源的利用强度均显著增加（图 8-2）。与对照相比，生物质炭和羊粪处理对羧酸化合物和酚类化合物的相对利用程度有所降低，而对胺类和碳水化合物的相对利用有所增加（图 8-3）。说明在生物质炭和羊粪处理下，茶树根际土壤微生物的代谢功能发生了显著变化。

　　对培养 96 h 的 AWCD 值进行主成分分析发现（图 8-4），主成分 1（PC1）能够解释变量方差的 41.9%，主成分 2（PC2）能够解释变量方差的 25.5%，说明前两个主成分可以较全面地表征不同措施处理下根际土壤微生物代谢能力的基本轮廓。对照处理集中于 PC1 的负方向、羊粪处理集中于 PC1 的正方向、生物质炭处理集中于 PC2 的正方向，说明不同措施根际土壤微生物群落对碳源底物的代谢利用

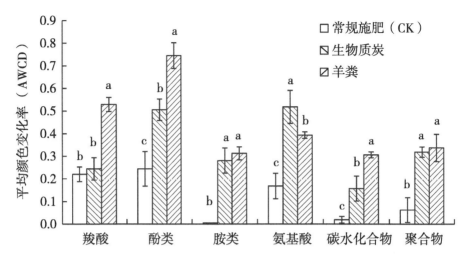

图 8-2　不同处理茶园根际土壤 6 类碳源平均颜色变化率（AWCD）

注：同一类底物不同小写字母表示在 $P < 0.05$ 水平上差异显著。

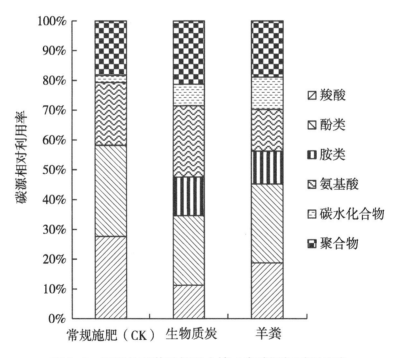

图 8-3　不同处理茶园根际土壤 6 类碳源相对利用率

差异显著。与 PC1 相关系数最高的有 1 种羧酸类化合物 ［D-苹果酸（H3），0.912 2］，3 种氨基酸 ［L-苯丙氨酸（C4），0.880 8；L-丝氨酸（D4），0.878 1；甘氨酰-L-谷氨酸（F4），0.712］，1 种多聚物 ［α-环式糊精（E1），0.887 6］，2 种碳水化合物［N－乙酰－D－葡萄糖氨（E2），0.849 1；1－磷酸葡萄糖（G2），0.799 6］。与 PC2 正/负相关系数最高的有 3 种碳水化合物［α－D－乳糖（H1），0.887 8；D－甘露醇（D2），－0.793 1；D－半乳糖酸 γ－内酯（A3），0.694 3］，1 种酚类化合物［4－羟基苯甲酸（D3），0.782 3］，1 种羧酸类化合物［衣康酸（F3），－0.753 5］，1 种胺类［腐胺（H4），0.663 4］。可见，羊粪处理后的根际土壤微生物群落对羧酸类、氨基酸类、多聚物类和碳水化合物类碳源的利用较敏感；而生物质炭处理后对碳水化合物、酚类化合物、羧酸类化合物和胺类碳源的利用较敏感。

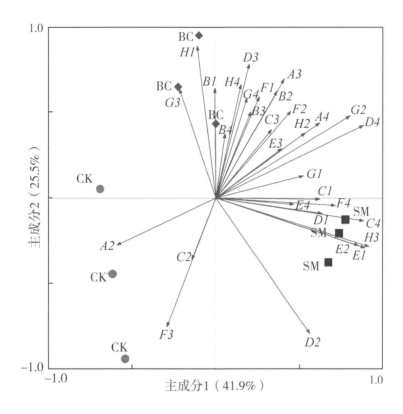

图 8-4　不同处理根际土壤微生物对碳源底物利用的主成分分析

注：A2 至 H4 代表 Biolog ECO 微平板上的 31 种碳源。

二、土壤微生物群落结构变化

运用 PLFA 方法对不同措施处理的茶园根际土壤微生物群落结构进行分析，共鉴定到 14 种碳链长度在 15～20 的脂肪酸（表 8-5），其中细菌 PLFA 有 10 种，真菌 PLFA 有 2 种，放线菌 PLFA 有 1 种。各种饱和脂肪酸、不饱和脂肪酸、支链脂肪酸、环状脂肪酸含量在各处理间的差异显著。除脂肪酸 20：0 外，其他脂肪酸含量均表现为羊粪处理显著高于对照处理；但生物质炭处理中只有脂肪酸 cy19：0 含量显著高于对照，其他脂肪酸含量与对照之间的差异不显著。

表 8-5　不同处理茶园根际土壤磷脂脂肪酸含量　　　　　　单位：nmol/g

编号	PLFA 标记物	常规施肥（CK）	生物质炭	羊粪	微生物类群
1	15：0	0.87b	1.01b	1.68a	细菌
2	16：0	39.03b	48.13ab	54.31a	细菌
3	18：0	10.59b	12.97ab	15.25a	细菌
4	20：0	2.99a	3.84a	1.50b	细菌
5	i14：0	2.53b	2.49b	4.37a	G^+
6	a15：0	2.04b	2.68b	4.40a	G^+
7	a17：0	7.88b	8.45b	11.00a	G^+
8	16：1ω7c	7.66b	9.40b	13.65a	G^-
9	cy17：0	1.25b	1.86ab	2.57a	G^-
10	cy19：0	6.00b	7.45a	8.05a	G^-
11	10Me18：0	7.87b	9.16ab	11.00a	放线菌
12	18：2ω6t,9t	6.39b	7.81ab	11.24a	真菌
13	18：1ω9c	22.34b	26.75ab	32.63a	真菌
14	9Me15：0	4.51b	5.42b	8.26a	非特异菌

注：G^+，革兰氏阳性菌；G^-，革兰氏阴性菌；同一行不同字母表示在 0.05 水平上差异显著。

生物质炭和羊粪处理的总 PLFA 含量分别比对照提高了 20.9% 和 47.5%（表 8-6）。细菌、革兰氏阳性菌（G^+）、革兰氏阴性菌（G^-）、真菌和放线菌脂肪酸含量均表现出羊粪＞生物质炭＞对照。在不同土壤样品中所有微生物类群的 PLFA 含量均呈现出相同的变化趋势：细菌＞真菌＞放线菌。本研究发现，羊粪处理的茶园土壤的总饱和/总单一不饱和脂肪酸比例显著低于对照和生物质炭处理，说明羊粪处理后茶园土壤微生物生理代谢受到的胁迫变小。

表8-6 不同处理茶园根际土壤主要微生物类群的 PLFA 含量（nmol/g）及比值

微生物类群	常规施肥（CK）	生物质炭	羊粪
总脂肪酸	121.96b	147.42ab	179.91a
细菌	80.85b	98.28ab	116.78a
G^+	12.46b	13.62b	19.77a
G^-	14.90b	18.71ab	24.27a
真菌	28.73b	34.56ab	43.87a
放线菌	7.87b	9.16ab	11.00a
G^-/G^+	1.20b	1.38a	1.24ab
真菌/细菌（%）	23.44a	23.45a	24.48a
总饱和/总单一不饱和脂肪酸	1.79a	1.83a	1.60b

注：G^+，革兰氏阳性菌；G^-，革兰氏阴性菌；同一行不同字母表示在 0.05 水平上差异显著。

主成分分析表明，前2个主成分累计贡献率为95.8%，可以解释变量的大部分信息。3种处理土壤的微生物群落可被主成分1（PC1）和主成分2（PC2）明显区别，对照土壤位于 PC1 的正方向，而施用生物质炭和羊粪的茶园土壤位于 PC1 的负方向；生物质炭处理土壤位于 PC2 的正方向，而羊粪处理土壤位于 PC2 的负方向（图8-5），说明不同措施处理下，茶树根际土壤微生物群落结构发生明显变化。与 PC1 显著负相关的生物标记为2种细菌（16：0，-0.987；18：0，-0.946），2种真菌（18：1ω9c，-0.990；18：2ω6,9，-0.945），1种放线菌（10Me18：0，-0.945），3种革兰氏阴性菌（cy17：0，-0.916；16：1ω7c，-0.874；cy19：0，-0.804），2种革兰氏阳性菌（a17：0，-0.867；a15：0，-0.818），1种非特异菌（9Me15：0，-0.934 3）。与 PC2 最相关的生物标记为20：0，相关系数为0.518。可见，羊粪处理明显增加了土壤细菌、真菌、放线菌、G^+、G^-等各类微生物的相对丰度，而生物质炭明显增加了土壤细菌的相对丰度。

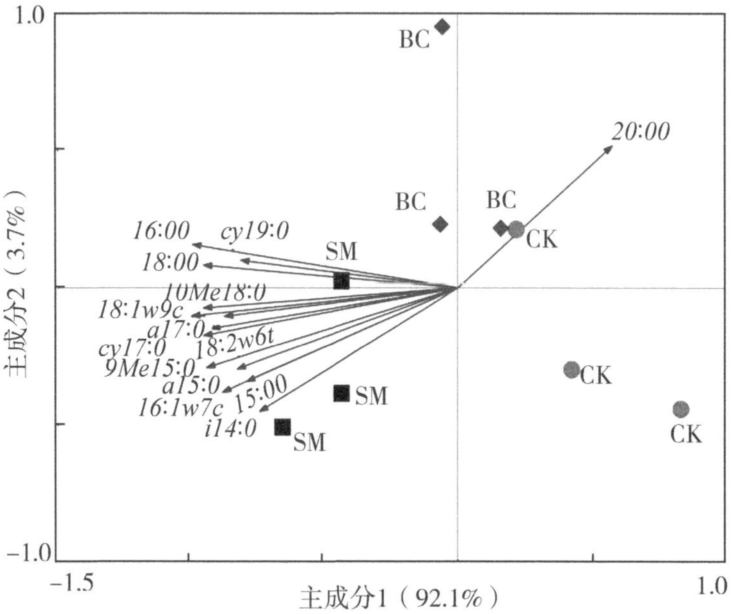

图 8-5　PLFA 生物标记主成分分析

注：CK，常规施肥；BC，生物质炭；SM，羊粪。

三、土壤微生物群落特征与化学性质的相关性

对微生物群落特征和经过变异膨胀因子筛选后的 4 个土壤环境因子进行 RDA 分析发现，微生物群落特征与土壤速效磷（AP）、CEC、交换性铝（EAl³⁺）、速效钾（AK）之间存在极显著的相关性（$P = 0.004$）（图 8-6）。微生物群落特征在第一排序轴（RDA1）和第二排序轴（RDA2）的解释量分别为 86.3% 和 3.6%。RDA1 与 AP 相关系数最大，达 0.674，说明 RDA1 反映了以 AP 为主的影响；而 RDA2 与 CEC 的相关系数最大，为 0.718，说明 RDA2 主要反映以 CEC 为主的影响。对 4 个土壤环境因子进行蒙特卡洛检验发现，AP 能解释微生物群落特征变异的 42.2%（$P = 0.038$），其次是 CEC（解释变异的 24.3%，$P = 0.076$），之后是 EAl³⁺和 AK（分别解释变异的 17.8% 和 8.2%，显著性水平分别为 $P = 0.046$ 和 $P = 0.09$）。总 PLFA 含量、细菌、真菌、G⁺、G⁻、放线菌、AWCD 均与土壤环境因子 AP、AK 呈正相关关系，与 EAl³⁺呈负相关关系。

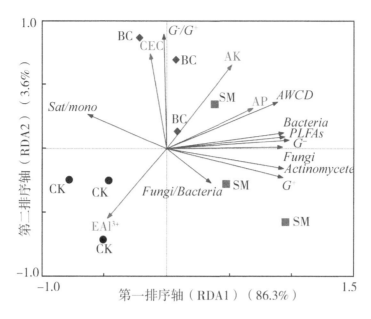

图 8-6　微生物群落特征与土壤性质的冗余分析（RDA）

　　注：CK，常规施肥；BC，生物质炭；SM，羊粪；AK，速

效钾；AP，速效磷；CEC，阳离子交换量；EAl³⁺，交换性铝；

PLFA，总脂肪酸；Sat／mono，总饱和／总单一不饱和脂肪酸。

四、根际关键微生物菌群变化

　　针对高通量测序检测到的茶树根际有益微生物假单胞菌、病原菌链格孢菌，本研究进一步采用荧光定量 PCR 技术对其含量进行原位分析，结果显示：在生物质炭和羊粪处理中病原菌链格孢菌的数量有不同程度的降低，但黑炭处理对假单胞菌数量的影响不明显，羊粪处理降低了假单胞菌数量（图 8-7）。可见，生物质炭和羊粪处理可以有效抑制病原菌的生长。

五、小结与讨论

　　土壤微生物活性是评价土壤质量的重要指标。AWCD 可以反映土壤微生物对碳源的利用能力，是表征土壤微生物生长代谢活性的主要指标。随着宿根连作年限的增加，茶园根际土壤微生物的碳源代谢活性显著降低、细菌群落丰富度和多样性指

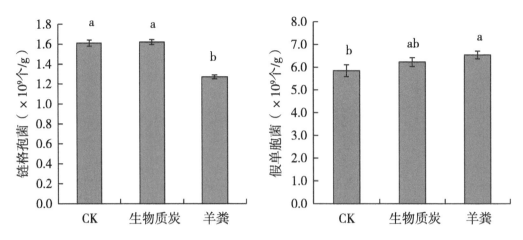

图 8-7　不同处理茶树根际土壤中关键菌群的荧光定量 PCR 分析

注：图柱上不同字母表示在 0.05 水平上差异显著。

数比荒地土壤显著下降（林生 等，2012；Li et al.，2017）。本研究中，在宿根连作 20 年的茶园施入生物质炭和羊粪后，茶树根际土壤微生物对碳源底物的利用能力显著提高（图 8-1），表明两种措施均能够提高土壤微生物的代谢能力和竞争能力。同时，生物质炭和羊粪处理的根际土壤微生物对于 6 类碳源的相对利用率也发生了变化，对胺类、碳水化合物和聚合物的相对利用有所增加，表明施用生物质炭和羊粪后对土壤微生物群落结构产生了一定的影响，改变了微生物群落组成。土壤生态系统中微生物多样性指数反映了种群结构的复杂程度，多样性指数越高，土壤系统的结构也较复杂，稳定性相对较高（Kennedy et al.，1995）。本研究中，施用生物质炭、羊粪可以增加土壤微生物的丰富度、多样性和均匀度指数，表明这两种措施能够提高茶树根际微生物多样性，有利于稳定土壤功能，提高土壤生产力。在棉田施用棉秆生物质炭能够有效提高棉田土壤微生物活性和丰富度指数（顾美英 等，2016）。孙凤霞等（2010）的研究表明，有机肥的施用能够提高土壤微生物的碳源代谢能力、提高土壤肥力，保持作物高产。这些结果都与本研究结果一致。

　　土壤微生物生物量被认为是土壤养分的储备库，可以代表土壤养分的活性部分，是评价土壤质量生物学性状的重要指标。许多研究表明，随着宿根连作年限的增加，茶园根际土壤微生物量下降，微生物群落结构失衡（薛冬 等，2005；林生 等，2013；Li et al.，2017）。本研究发现，在宿根连作 20 年的茶园施入生物质炭和羊粪后，PLFA 含量分别比常规施肥增加了 20.9% 和 47.5%（表 8-6）。生物质炭施用能显著增加土壤总 PLFA 含量的原因可能与生物质炭的孔隙结构（为土壤微生物提供了良好栖息环境）以及水肥吸附作用有关（袁金华 等，2012）。羊粪有机肥富含有机质和氮、磷、钾等营养元素，易被微生物分解利用，刺激微生物迅速生长繁殖，从而增加土壤微生物生物量（Kandeler et al.，1999）。有学者用茶叶修剪物制备的生物质炭进行酸化茶园土壤改良试验发现，生物质炭处理组的土壤总 PLFA 含量显著增加（胡雲飞 等，2015），与本研究结果一致。也有研究表明，在茶园施用有机肥能够显著提高茶园土壤微生物生物量碳以及 PLFA 含量（林新坚 等，2013）。真菌/细菌、总饱和脂肪酸/总单一不饱和脂肪酸都是判断微生物群落结构变化的重要指标。真菌/细菌随着土壤肥力增加而减小，低真菌/细菌土壤的抑病能力较强（胡雲飞 等，2015）。前期研究表明，茶树宿根连作后，真菌/细菌比例、总饱和脂肪酸/总单一不饱和脂肪酸都显著增加（Li et al.，2017）。本研究中，生物质炭和羊粪的施入对真菌/细菌的影响不明显，但羊粪的施用能显著降低总饱和/总单一不饱和脂肪酸比例，说明羊粪施用条件下微生物生理代谢受到的胁迫变小。

微生物特性极易受土壤化学性质的影响，可检测土壤中发生的微小变化（谢少华 等，2013）。施用生物质炭和羊粪导致土壤化学性质的改变，相应地也会影响土壤微生物性质的变化。在土壤化学性质中，土壤酸度（如 pH 值和交换性酸）是影响土壤微生物的重要因子。酸性土壤施用改良剂后，更有利的环境条件（如交换性氢和交换性铝减少，交换性阳离子 Mg^{2+} 和 Ca^{2+} 增加）将有益于增加土壤微生物量，以及微生物活性和多样性（Pocknee et al.，1997；Wong et al.，1998）。本研究表明，微生物群落特征与土壤速效磷、阳离子交换量、交换性铝和速效钾之间存在极显著的相关性，总 PLFA 含量、细菌、真菌、革兰氏阳性菌、革兰氏阴性菌、放线菌、AWCD 均与土壤环境因子速效磷、速效钾呈正相关关系，与交换性铝呈负相关关系，也证实了这一点（图 8-6）。此外，酸性土壤改良后有益于植物生长，通过植物根系丰富的根系分泌物可促进土壤微生物量和代谢活性，但关于茶树根系分泌物与生物之间的关系有待进一步研究。

第三节　生物质炭和羊粪对茶叶产量和品质的影响

一、茶芽性状和茶叶产量变化

生物质炭和羊粪处理的铁观音茶树的百芽重和茶叶产量都比常规施肥处理有显

著提高，但茶芽密度在各处理间的差异不显著（表8-7）。生物质炭和羊粪处理的百芽重分别比对照提高了25.0%和32.0%，茶叶产量分别比对照提高了21.1%和12.9%，说明生物质炭和羊粪处理后茶树生长状况更好、产量更高。

表8-7　不同措施处理的铁观音茶树茶芽性状和产量

处理	茶芽密度（个/m²）	百芽重（g）	茶叶产量（g/m²）
常规施肥（CK）	448a	32.51b	121.64b
生物质炭	465a	40.63a	147.27a
羊粪	420a	42.91a	137.35a

注：同列数据后不同字母表示差异显著（$P < 0.05$）。

二、茶叶品质变化

生物质炭和羊粪处理的铁观音茶叶的氨基酸、咖啡碱、茶多酚和儿茶素含量与对照相比差异不显著（表8-8），说明生物质炭和羊粪处理后对茶叶品质的提升作用不明显。

表8-8　不同措施处理铁观音茶树茶叶化学成分

处理	氨基酸（%）	咖啡碱（%）	茶多酚（%）	儿茶素（%）
常规施肥（CK）	2.95a	2.98a	12.19a	12.50a
生物质炭	3.05a	2.90a	11.31a	12.62a
羊粪	2.97a	2.85a	11.18a	12.51a

注：同列数据后不同字母表示差异显著（$P < 0.05$）。

三、小结与讨论

茶树长期宿根连作会导致土壤酸化严重、土壤养分不平衡、茶叶产量和品质逐年下降，严重影响茶树的可持续生产。生物质炭、羊粪都呈碱性，并且都含有丰富的营养元素，本身的性质决定了其可用于改良酸性土壤和提高土壤肥力。本研究发现，施用生物质炭和羊粪后茶园根际土壤pH值显著提高，土壤速效磷和速效钾含量也显著提高，同时促进茶树的生长。江福英等（2015）发现，在茶园施用生物质炭8 t/hm²、16 t/hm²、32 t/hm²、64 t/hm²时，均能够促进茶树生长、提高茶叶产量，并且各处理间差异不显著。本研究表明，生物质炭在40 t/hm²施用量的情况下，铁观音茶园产量比对照显著提高，与前人研究结果一致。郇恒福（2004）的研究表明施用高量的羊粪（约40 t/hm²）可直接影响到土壤酸碱度以及CEC的变化，对土壤酸度产生显著影响，而低量羊粪的施用（10 t/hm²）则不能产生明显效果。在本研究中，7.5 t/hm²羊粪替代部分复合肥的条件下茶树根际土壤pH值也得到了显著提高，并能促进茶树生长。

综上所述，在宿根连作20年的茶园施用生物质炭、羊粪替代部分化肥均能显著提高茶树产量；施用生物质炭和羊粪后，土壤pH值显著提高，土壤速效磷和速效钾含量也显著增加；两种措施均能够提高土壤微生物的代谢能力，土壤微生物多样性指数明显增加，土壤微生物量显著提高，微生物群落结构得到改善。因此，在宿根连作茶园中施用生物质炭和羊粪可促进茶树生长，改善土壤微生态环境，是一种有效缓解连作障碍的生物学方法。

参考文献

丁艳丽，刘杰，王莹莹，2013. 生物炭对农田土壤微生物生态的影响研究进展 [J]. 应用生态学报，24（11）：3311-3317.

顾美英，唐光木，刘洪亮，等，2016. 施用棉秆炭对新疆连作棉花根际土壤微生物群落结构和功能的影响 [J]. 应用生态学报，27（1）：173-181.

胡雲飞，李荣林，杨亦扬，2015. 生物炭对茶园土壤CO_2和N_2O排放量及微生物特性的影响 [J]. 应用生态学报，26（7）：1954-1960.

郇恒福，2004. 不同土壤改良剂对酸性土壤化学性质影响的研究 [D]. 儋州：中国热带农业科学院.

江福英，吴志丹，尤志明，等，2015. 生物黑炭对茶园土壤理化性状及茶叶产量的影响 [J]. 茶叶学报，56（1）：16-22.

林生，庄家强，陈婷，等，2012. 福建安溪不同年限茶树土壤养分与微生物Biolog功能多样性的差异分析 [J]. 中国生态农业学报，20（11）：1471-

1477.

林生, 庄家强, 陈婷, 等, 2013. 不同年限茶树根际土壤微生物群落 PLFA 生物标记多样性分析 [J]. 生态学杂志, 32 (1)：64-71.

林新坚, 林斯, 邱珊莲, 等, 2013. 不同培肥模式对茶园土壤微生物活性和群落结构的影响 [J]. 植物营养与肥料学报, 19 (1)：93-101.

龙光强, 蒋瑀霁, 孙波, 2012. 长期施用猪粪对红壤酸度的改良效应 [J]. 土壤, 44 (5)：727-734.

孙凤霞, 张伟华, 徐明岗, 等, 2010. 长期施肥对红壤微生物生物量碳氮和微生物碳源利用的影响 [J]. 应用生态学报, 21 (11)：2792-2798.

王成己, 陈庆荣, 陈曦, 等, 2017. 烟秆生物质炭对烟草根际土壤养分及细菌群落的影响 [J]. 中国烟草科学, 38 (1)：42-47.

吴志丹, 尤志明, 江福英, 等, 2012. 生物黑炭对酸化茶园土壤的改良效果 [J]. 福建农业学报, 27 (2)：167-172.

谢少华, 宗良纲, 褚慧, 等, 2013. 不同类型生物质材料对酸化茶园土壤的改良效果 [J]. 茶叶科学, 33 (3)：279-288.

徐华勤, 肖润林, 向佐湘, 等, 2010. 不同生态管理措施对丘陵茶园土壤微生物生物量和微生物数量的影响 [J]. 土壤通报, 41 (6)：1355-1359.

薛冬, 姚槐应, 黄昌勇, 2005. 植茶年龄对茶园土壤微生物特性及酶活性的影响 [J]. 水土保持学报, 19 (2)：84-87.

袁金华, 徐仁扣, 2012. 生物质炭对酸性土壤改良作用的研究进展 [J]. 土壤, 44 (4)：541-547.

HU L, CAO L, ZHANG R, 2014. Bacterial and fungal taxon changes in soil microbial community composition induced by short－term biochar amendment in red oxidized loam soil [J]. World Journal of Microbiology Biotechnology, 30：1085-1092.

KANDELER E, STEMMER M, KLIMANEK E M, 1999. Response of soil microbial biomass, urease and xylanase within particle size fractions to long－term soil management [J]. Soil Biology and Biochemistry, 31 (2)：261-273.

KENNEDY A C, SMITH K L, 1995. Soil microbial diversity and the sustainability of agricultural soils [J]. Plant and Soil, 170 (1)：75-86.

LI Y C, LI Z W, ARAFAT Y, et al., 2017. Characterizing rhizosphere microbial communities in long-term monoculture tea orchards by fatty acid profiles and substrate utilization [J]. European Journal of Soil Biology, 81: 48-54.

NARAMABUYE F X, HAYNES R J, MODI A T, 2008. Cattle manure and grass residues as liming materials in a semi-subsistence farming system [J]. Agriculture, Ecosystems and Environment, 124: 136-141.

第九章 套种绿肥对茶园土壤的改良效果

目前，我国大部分茶园都采取单一种植模式，而茶园长期单作会造成水土流失严重、病虫害猖獗、土壤肥力衰退等问题，最终制约茶树产量和品质的提高，而复合茶园生态系统的建立如林茶复合、茶草复合、果茶复合等间套作模式，可以克服单作茶园的弊端，改善茶园小气候，增加茶园生态系统物种的多样性，提高肥料的利用率，能够实现保护土壤、增加产量和提高品质的目的（时安东 等，2009）。绿肥是指可以利用其生长过程中所产生的全部或部分鲜体，通过它们与主作物的间套轮作，直接或间接翻压到土壤中作肥料，起到改善土壤性状、促进主作物生长等作用的作物。选择适当的绿肥植物在茶园套种形成复合体系，实现边修复边种植生产，是一条绿色修复的有效途径。绿肥作为有机肥源，在改变土壤理化性质、增加土壤微生物多样性、培肥地力、遏制水土流失、调节茶园小气候等方面优势突出。本章系统介绍了茶园适生绿肥品种选择、茶园套种绿肥技术模式以及套种绿肥对茶园土壤微环境和茶树生长的影响，同时对茶园套种绿肥生态系统进行效益评价，旨在为茶园土壤改良提供科学依据。

第一节 茶园套种绿肥的技术模式

一、适生绿肥品种选择

茶园套种适生绿肥可以快速形成地被覆盖，控制水土流失，为茶园铺草、施肥提供草料和肥源。相反，绿肥品种选择不合理将会影响到幼龄茶园的成园，出现"草进茶退"的现象。茶园套种绿肥的总体原则是绿肥种植不影响茶树的正常生长，不会与茶树争光、争水和争肥，不会影响到茶园的正常管理和采摘，不会引起茶园大量病虫害发生。适合在茶园种植的绿肥品种见表9-1。幼龄茶园的特点是茶苗小、覆盖度低、土壤冲刷强度大、水土流失严重等，因此要选择矮生、匍匐型、草层低且非缠绕型的绿肥品种，避免影响茶苗生长。例如，选用铺地木蓝、木豆、圆叶决明、柽麻、白三叶草、伏花生、肥田萝卜、苕子等绿肥品种。对于3～4年生的茶园，为了避免绿肥与茶树之间争水争肥，应该选择早熟绿肥品种，如乌豇豆、早熟绿豆和饭豆等（傅尚文 等，2008）。对于山地茶园、丘陵坡地茶园、梯台式茶园，应从保护梯埂、梯壁的角度出发，选择多年生木本绿肥品种，如紫穗槐、铺地木蓝、大叶猪屎豆、草木樨等（罗旭辉 等，2009）。

表9-1　常用适宜茶园套种绿肥品种

茶园部位	种类	季节	
		冬春	夏秋
行间、空地	豆科	紫云英、苕子、黄花苜蓿、蚕豆、豌豆、金花菜、白三叶草、罗顿豆、平托花生等	圆叶决明、羽叶决明、印度豇豆、铺地木蓝、绿肥一号、巴西苜蓿、伏花生、田菁、绿豆等
	非豆科	肥田萝卜、黑麦草、鸡脚草、大麦、肿柄菊等	
梯壁	豆科	平托花生、柽麻、草木樨、葛藤等	圆叶决明、铺地木蓝、大叶猪屎豆、紫穗槐等
	非豆科	百喜草、南非马唐、香根草、假俭草、柱花草等	
坎边	豆科	木豆、紫穗槐、葛藤、胡枝子、圆叶决明、铺地木蓝、含羞草等	
	非豆科	知风草、霜落、百喜草、宽叶雀稗等	

注：资料引自王峰等（2012）。

二、茶园套种绿肥技术模式

1. 福建省黄红壤丘陵山地茶园套种绿肥技术模式

利用豆科植物根系能结瘤固氮，又有较高覆盖度的特点，将圆叶决明、平托花生、白豇豆等豆科牧草套种于幼龄茶园或树冠外可种之处；利用直立型禾本科分蘖力强、易形成草篱，匍匐型禾本科能节节生根、有较高覆盖度的特点，将南非马唐等直立型禾本科牧草套种在梯壁（含梯埂）上形成草带，并通过混播百喜草等匍匐型禾本科牧草，使梯壁得以保护，有效地防止水土流失。同时利用茶园边角地种植杂交狼尾草，利用冬闲田种植黑麦草和白三叶草，以便为食草动物提供青饲料（黄东风 等，2002）。

该项技术中应用的豆科和禾本科牧草，如圆叶决明、羽叶决明、平托花生、百喜草等品种，其最大的生物量在每年的 9—10 月，恰逢秋茶采摘结束，需要大量追施冬肥时期，此时将所套种的牧草进行翻埋，既省时、省力（财力、人力、物力），又有效。据同位素 ^{15}N 稀释法测定，豆科牧草（圆叶决明）平均年固氮量可达 356 kg/hm^2。以套种的牧草进行翻埋，可以达到以园养园、减少经营成本等效果。

2. 福建省安溪县举源合作社茶园套种绿肥技术模式

春夏期间在茶园中套种大豆、花生等豆科作物，11 月前后结合茶园冬季翻耕，施用有机肥，并套种油菜花。这种套种模式以提供绿肥为主，在豆科作物和油菜花的初荚期割除并覆盖到茶园。据检测，一年套种两次绿肥，茶园土壤有机质可以提高 20%左右，碱解氮、速效钾含量明显提高，一年内茶园土壤的 pH 值约能提高 0.1 个单位，茶叶产量明显提高，尤其是夏暑茶，鲜叶产量可以提高 20%～30%（刘金龙 等，2018）。

举源合作社采取的茶树疏植留高、茶草共生、套种绿肥、轮采轮休、茶林混合等自然农耕生态茶园管理模式，不仅改善了茶园生态环境，改良了茶园土壤，还育壮了茶树，提高了茶叶品质，并有效防治了茶树病虫害，做到不需要使用化学农药和肥料，就使得茶叶质量安全达到欧盟标准。

第二节　套种绿肥对茶园土壤和茶树生长的影响

一、土壤物理性状变化

茶园套种绿肥复合栽培中，绿肥植株的生长会对茶园土壤表面起遮蔽作用，能减少土壤表层水分蒸发，调节茶树根际土壤的温度、湿度，进一步改善茶园土壤环境。植株高大、生物产量高的绿肥对抑制根际表土水分蒸发的作用较强，能增强作物的耐干旱能力。幼龄茶园连续 4 年套种白花三叶草不仅未与茶树争水，反而增加了 0～20 cm 土层的含水量和改善了春茶采摘期（4—6 月）的供水状况，增加地表土层相对湿度，促进水分利用，有利于提高茶园抗旱能力，缓和土壤温度变化，保障茶树根系及地上部的正常生长需求（宋同清 等，2006a）。王建红等（2009）研究发现，在茶园间作马棘、紫花苜蓿、高丹草、日本龙爪稷等产量高、生长迅速的绿肥，覆盖效果好，可有效减少地表土壤的水分蒸发，根际表土平均含水量提高5.2%，而根际表土温度降低 7.4 ℃，降幅达 24.50%，表明绿肥覆盖可以有效调控地表温度。侵蚀劣地幼龄茶园套种 5 种绿肥（百喜草、铺地木蓝、圆叶决明、宽叶雀稗和平托花生）后，在高温季节中午平均降低地表温度 7 ℃，降低浅土层（20 cm）温度 2.09 ℃，缩小地表和浅土层温度日间变幅；平均提高土壤含水量 2%（陈慕松，2003）。沈洁等（2005）研究发现，盛夏季节茶园间作苜蓿削弱了太阳辐射，对茶树起到较好的遮阴作用，减少茶园土壤温度的日变化，增加土壤孔隙度及含水率，有利于减少夏季高温干旱对茶树生长的影响。

此外，套种绿肥能提高土壤孔隙度、降低土壤体积质量。茶园套种白三叶草后土壤团聚体数量增多，通透性改善，总孔隙度提高 4.39%，容重下降 3.05%，茶园土壤结构和物理性状得到了明显改善（宋同清 等，2006b）。在幼龄茶园连续套种绿肥 3 年后，茶园土壤毛管孔度、田间持水量、饱和含水量和土壤液相比例在一定程度上都有提高，可有效改善茶园土壤的物理性状（吴志丹 等，2013）。其原因可能有两个方面：①绿肥自身根系的生长，使得土壤疏松，孔隙度增大，降低土壤紧实度，从而降低土壤体积质量；②套种的绿肥根系腐烂后，有机物被微生物分解利用，留下原根系生长的空间，从而增加了土壤孔隙度，促进土壤空气与大气的交换，因此种植绿肥是改善土壤物理性质的重要措施。

二、土壤酸度变化

土壤酸化是茶园土壤退化的一种表现形式，土壤酸化会导致土壤板结、酶活性下降、养分有效性降低，影响茶树正常生长。许多研究表明，茶园套种绿肥可促使土壤 pH 值上升、交换性铝含量下降，提升土壤肥力，改善土壤结构。在成龄茶园（15 年茶龄）套种白三叶草、黑麦草以及两种绿肥混播，除白三叶草处理的土壤

pH 值降低外，黑麦草和混播处理的土壤 pH 值分别提高了 0.2% 和 2.7%（宋莉 等，2016）。油菜作为我国南方主要作物，具有抗寒、耐旱、适应性广、种植成本低、生物量大、肥效广等优点，作为一种新型绿肥被广泛利用。茶园套种油菜后，可显著提高根际土和根围土的 pH 值，有利于改善茶园土壤肥力（梁丽妮 等，2019）。茶园套种绿肥并非品种越多越好，宿根羽扇豆—油菜—圆叶决明组合的土壤 pH 值不升反降；而油菜—圆叶决明组合、宿根羽扇豆—油菜组合对土壤 pH 值改良效果显著；特别是油菜—羽扇豆组合，不仅能提升土壤 pH 值，还能降低茶园土壤重金属 Cd 和 Hg 的含量，对茶园土壤的生态环境改良具有积极作用（赵茜 等，2021）。另外，在茶园套种马唐、白三叶草、油菜花后，茶园土壤 pH 值分别提高了 0.15、0.46 和 0.26；交换性酸总量分别降低了 0.70 cmol/kg、1.57 cmol/kg 和 1.16 cmol/kg，其中交换性铝含量分别降低了 0.66 cmol/kg、1.52 cmol/kg 和 1.08 cmol/kg，由此可见，这 3 种绿肥不仅能降低茶园土壤活性酸含量，还能减少其潜在酸含量，从而缓解茶园土壤酸化（罗博仁 等，2019）。

三、土壤肥力变化

茶园套种绿肥，不经过割青翻压，让其自然枯落地表，能不同程度地提高茶园土壤速效养分含量。侵蚀劣地幼龄茶园套种 5 种绿肥（百喜草、铺地木蓝、圆叶决明、宽叶雀稗和平托花生）后，土壤碱解氮、速效磷、速效钾的含量平均提高了16. 62 mg/kg、9. 69 mg/kg 和 8. 00 mg/kg，起到了恢复和提高地力的作用（陈慕松，2003）。在幼龄茶园行间连续套种绿肥 3 年后，茶园土壤有机质、全氮、碱解氮和有效磷含量分别提高了 9.82%～16.91%、5.29%～14.31%、2.71%～13.07% 和0.71%～33.98%，而速效钾含量和 pH 值则因绿肥品种不同而存在差异（吴志丹等，2013）。茶园套种绿肥后土壤肥力发生变化的原因可能是绿肥根系分泌物以及绿肥本身提高了土壤微生物活性，活化了有机态氮、磷、钾，改善了土壤库氮、磷、钾的实际供给能力（李会科 等，2007）。宋同清等（2006a，2006b）研究发现，幼龄茶园套种白三叶草 4 年后，茶园土壤全氮和水解氮含量分别增加了33.33% 和 30.03%，全钾含量减少，但速效钾含量却增加了 16.22%，全磷含量没有明显减少，但速效磷含量下降了 9.18%，这与白三叶草在固氮过程中消耗了不同形态的磷养分有关。另外，茶园套种绿肥，绿肥经割青翻压还田，有利于土壤团粒结构的形成，能不同程度地提高茶园土壤养分含量。黄东风等（2002）研究发现，茶园套种百喜草和圆叶决明经翻埋处理后，茶园土壤有机质含量增加，土壤团粒结构性状得到改善，阳离子交换量、速效氮、速效磷和速效钾分别比未套种绿肥处理提高了9.1%、247.8%、147.0%和20.3%。可见，茶园套种绿肥自然枯落或割青翻压，都能改善和提升茶园土壤肥力。根瘤菌—豆科绿肥与茶树间套作，可以增加茶园土壤有机质和全氮含量，丰富土壤微生物种群多样性，提高土壤 pH 值，为茶树生长提供良好的土壤环境，且豆科绿肥在开花期翻压还田的效果最优，初步达到在茶园减少化学氮肥施用的效果（宋扬，2019）。

四、土壤微生物群落变化

土壤微生物的数量直接影响土壤的生物化学特性和土壤养分的组成与转化，是衡量土壤肥力高低的重要指标（Brookes，1995；佀国涵 等，2013）。土壤微生物的数量和种类越多，土壤生物活性越强，对植物生长的促进作用越明显。在亚热带红壤幼龄茶园套种白三叶草，有利于提高土壤微生物量碳、微生物量磷和土壤微生物量，并且在三叶草生长旺季时土壤微生物量提高得更多（齐龙波 等，2008）；连续套种白三叶草4年后，能明显增加土壤表层（0～20 cm）的微生物量碳、微生物量氮和微生物量磷，但影响不到更深的土层（沈程文 等，2006）。在成龄茶园（15 年茶龄）套种白三叶草、黑麦草以及两种绿肥混播，都能显著提高土壤微生物的数量，细菌、真菌和放线菌的数量分别达到未套种茶园土壤的 1.75～2.58 倍、1.22～1.88 倍和1.15～1.46 倍（宋莉 等，2016）。细菌型土壤向真菌型土壤转化，是土壤肥力衰退的标志之一（封海胜 等，1999；郭永霞 等，2006）。在茶园组合套种平托花生和百喜草比单独套种平托花生更能有效增加土壤微生物群落数量，使细菌、真菌、放线菌和固氮菌的数量增加了 159.64 倍、5.63 倍、1.76 倍和37.1 倍，并提高了茶叶品质（林黎，2017）。相比清耕茶园，套种圆叶决明可显著提高茶园土壤细菌和放线菌的数量，分别显著提高了 53% 和 158%，而真菌数量则显著降低了 81%（詹杰 等，2019）。茶园间作油菜—羽扇豆组合后对茶园土壤细菌群落丰度、多样性的影响并不显著，但却显著改变了细菌群落结构并促进了富营养细菌群落的生长，从而有利于改善茶树土壤微生物的生态环境（赵茜 等，2021）。可见，茶园套种绿肥在一定程度上能起到减缓或阻止茶园土壤肥力衰退的作用。套种绿肥对土壤生物活性的影响，一方面是由于绿肥根系生长的机械作用，使得土壤疏松，为微生物生长创造了有利条件；另一方面是绿肥在生长活动和吸收养分过程中分泌有机物，为根际微生物提供营养和能源物质，从而提高微生物的数量和活力（杨曾平 等，2011；颜志雷 等，2014）。固氮菌是土壤中执行特殊生理功能的微生物类群，因为能固定大气中的分子氮，故在土壤氮循环中起着重要作用。套种圆叶决明能显著提高各土层中的细菌数量和微生物总数；能够显著降低各土层中的真菌数量同时能够显著提高放线菌数量和固氮菌数量，这可能与圆叶决明的枯枝残叶分解后为固氮菌的生长提供了丰富的有机碳源有关，也可能与圆叶决明根部的固氮菌有关（胡磊，2010）。

五、土壤有机碳变化

绿肥还田后土壤有机质和养分含量明显增加，土壤表层的变化尤为显著，作为植被覆盖的绿肥还能够提高土壤的腐殖质含量，同时改善土壤的结构性能（线琳 等，2011）。但有关绿肥还田对红壤有机碳矿化的影响还少见报道。圆叶决明（*Chamaecrista rotundifolia*）是热带多年生半直立型的豆科决明属牧草，属于绿肥兼用型作物，来源于墨西哥和美国佛罗里达州，广泛分布于南美洲北部。圆叶决明具备了耐旱、耐酸、耐贫瘠、喜高温、适应性强等优点，作为绿肥在生态恢复与土壤改良方面的效果尤为突出，已在广东、福建、湖南等地推广应用（詹杰 等，2011）。叶菁等（2016）以圆叶决明为试验材料，通过室内培养试验研究了不同绿肥施用量对红壤有机碳矿化速率的影响，结果表明：随着培养时间的变化，不同绿肥添加量处理下土壤有机碳矿化速率的变化规律基本相似，土壤有机碳矿化速率在培养前期（1～8 d）迅速下降，培养中期（8～29 d）缓慢下降，培养后期（29～85 d）趋于稳定状态（图9-1）。与不施肥和单纯施用化肥处理相比，施入绿肥的土壤具有更高的微生物活性，进而使土壤平均矿化速率提高了2.8%～110.3%；土壤有机碳矿化释放量在不同时间段内显著不同，早期释放量大，晚期释放量小，而且土壤CO_2释放量随着绿肥添加量的增加而增多（图9-2）。但随着绿肥施用量的增加，土壤潜在可矿化碳量占总有机碳的比例并未显著增加，说明施用绿肥可以增加茶园土壤有机碳的积累。

六、茶叶产量和品质变化

茶园套种绿肥对茶树生长特性、茶叶产量等都有一定的影响。江新凤等

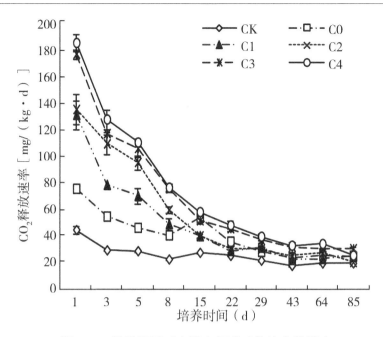

图 9-1　绿肥还田对土壤有机碳矿化速率的影响

注：CK，不施肥；C0，100%氮肥；C1，75%氮肥+25%草粉；C2，50%氮肥+50%草粉；C3，25%氮肥+75%草粉；C4，100%草粉。

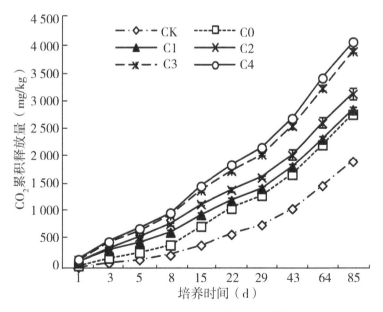

图 9-2　绿肥还田对土壤有机碳累积排放量的影响

注：CK，不施肥；C0，100%氮肥；C1，75%氮肥+25%草粉；C2，50%氮肥+50%草粉；C3，25%氮肥+75%草粉；C4，100%草粉。

（2014）研究表明，在茶园套种白三叶草、红三叶草、黑麦草 3 种绿肥，都能促进茶树生长，分别提高茶叶产量 3.32 kg/hm²、1.80 kg/hm² 和 4.02 kg/hm²。张优等（2007）研究发现，在茶园套种鸭毛草、红花三叶草、黑麦草、豌豆、白花三叶草、苜蓿、蚕豆、肥田萝卜和紫云英都对茶树生长有一定的促进作用，茶树高度提高 10～20 cm，宽幅增加 10～15 cm，特别是套种蚕豆和豌豆两个处理的茶树生长最好，比其他绿肥处理高 10～15 cm，宽 5～7 cm。人工种草和自然生草模式下茶园夏茶产量较传统清耕茶园分别显著提高了 17% 和 14%（詹杰 等，2018）。吴志丹等（2013）探讨了不同树型绿肥对茶园产量的影响，研究发现行间套种羽叶决明（直立型绿肥）、茶肥 1 号和闽引圆叶决明（半直立型绿肥），全年（春秋两季）茶园鲜叶总产量比对照分别降低约 19%、13% 和 2%，然而，套种爬地兰、威恩圆叶决明等匍匐型绿肥，茶园鲜叶总产量分别提高 3.99% 和 3.41%。宋同清等（2006b）研究发现，在亚热带丘陵区幼龄茶园（5 年生）间作白三叶草，茶叶产量比清耕茶园增加 12.8%。此外，张亚莲等（2011）研究认为，茶肥 1 号是生长量大、含氮量高的绿肥，在茶园套种有利于促进茶树根系的生长。

复合茶园栽培模式使茶园在夏季保持较低的温度和较高的湿度，更适宜茶树的生长发育，有利于茶树对光的利用转化，促进茶叶中茶多酚、氨基酸等内含物质的形成，提高茶叶品质（田永辉 等，2002；巩雪峰 等，2008）。人工种草和自然生草模式下茶叶的氨基酸含量显著高于松茶间作和传统清耕茶园，茶水浸出物含量（夏茶）显著高于传统清耕茶园（詹杰 等，2018）。潘荣艺等（2019）研究发现，留长马唐可增加铁观音鲜叶水浸出物含量和氨基酸含量，减少茶多酚含量，降低酚氨比（酚氨比低则鲜爽度高）。江新凤等（2014）认为，茶园套种白三叶草、红三叶草和黑麦草等不同绿肥，总体上能提高茶叶内含生化成分含量，红三叶草处理的氨基酸含量增加约 0.3%。詹杰等（2019）研究发现，茶园套种圆叶决明能够提高茶叶氨基酸和茶水浸出物含量，而茶叶咖啡碱和茶多酚含量却有所降低。另外，有研究发现，茶园套种绿肥可显著提高茶叶水浸出物含量、游离氨基酸含量和咖啡碱含量，降低酚氨比 13.0%（姜铭北 等，2022）。

七、小结与讨论

在茶园合理套种绿肥，不仅能够改善土壤理化性状，增加土壤微生物群落多样性，增加土壤肥源以及培肥地力，而且还有利于提高茶叶产量和品质。同时，从综合利用角度看，茶园套种绿肥模式还能为畜牧业生产提供饲草资源，有利于提高经济效益。茶园套种绿肥对提高茶园经济效益、协调农业生态及可持续发展具有重要作用。但是，目前绿肥在茶园的应用尚存在不少问题。一方面，茶农对绿肥品种的认识不透彻，对绿肥改土培肥作用的重视度不够，因此种植绿肥的积极性不高；另一方面，茶园套种绿肥栽培技术模式缺乏，目前尚未形成可复制、易推广的茶园套种绿肥利用模式。今后应重视和加强以下几个方面：①扩大绿肥应用价值的宣传力度，引导茶农、茶企正确认识绿肥的重要性，提高种植绿肥的积极性；②重点研究和筛选出适宜各个地区种植的绿肥品种，如筛选出生物量大、固氮能力强，不易与茶树争水争肥，不易使茶树感染病虫害的绿肥品种，并且绿肥的套种不能影响茶园的常规耕作、采摘等管理；③对绿肥栽培和利用中的关键技术进行深入研究并集成应用，形成可复制、易推广的茶园绿肥种植和利用模式，提高绿肥的综合利用效益；④农业农村部门可出台一系列绿肥种植补贴优惠政策，同时建立健全绿肥成果推广应用网络，保障绿肥推广渠道畅通。

第三节　套种绿肥对茶园碳吸存的影响

茶树是我国重要的木本经济作物之一。茶树植被为常绿灌丛，现存量大、收益高，是一种高效高值的生态碳汇。茶园碳汇包括植被碳汇和土壤碳汇，其中植被碳汇通过光合作用实现对大气中 CO_2 的固定；土壤碳汇通过植被碳输入实现对有机碳的富积和固存。

一、茶园生态系统的碳吸存

1. 幼龄茶园的生物碳库与碳吸存

茶园属于典型的人工种植系统，合理的管理措施可改善其生长环境，从而提高植被的生物固碳能力。研究表明，3 年生茶园生态系统的生物碳库为 1.9 t/hm²，其中以地上部碳库为主要组成部分，是地下部的 1.5 倍（图 9-3）。3 年生茶树的年碳吸存量为 2.15 t/hm²，其中地上部碳的年吸存量是地下部的 1.8 倍。

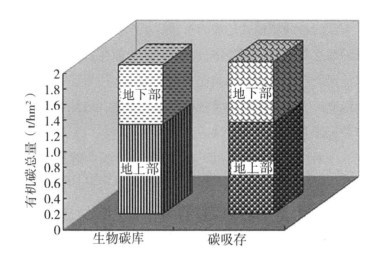

图9-3 幼龄茶树（3年生）的生物碳库与碳吸存

2. 茶园套种绿肥对土壤有机碳密度的影响

土壤耕作是茶园管理的一项重要措施，不同耕作方式对茶园土壤理化性质影响不同。改进耕作制度可提升土壤质量，从而增加土壤碳库及稳定性。通过合理套种绿肥，可提高茶园土壤有机碳密度。由图9-4可知，套种圆叶决明+百喜草、杜兰落花生+百喜草处理的土壤（0～20 cm）有机碳密度分别比清耕园（对照）提高了22.8%和1.9%，20～40 cm土层有机碳密度分别提高8.4%和2.9%，其中以套种圆叶决明+百喜草处理的增加幅度最大。

3. 茶园套种绿肥对土壤有机碳累积和排放的影响

茶园套种绿肥可增强土壤的固碳能力，提高有机碳的稳定性。生草模式茶园土壤有机碳总量（0～20 cm）比对照提高37.25%，胡敏酸和富里酸的总量也分别提高153.78%和6.76%（图9-5）。本试验测定时期清耕园和茶园生草土壤总呼吸速率具有相似的日变化规律，均表现为8：00土壤呼吸速率最低，随后土壤呼吸速率升高，20：00达到最大值，随后又开始降低（图9-6）；但生草模式的土壤总呼吸速率比对照增加1.15%～44.23%。尽管生草模式土壤CO_2排放速率大于清耕园，但这可能主要由根系呼吸作用所致。

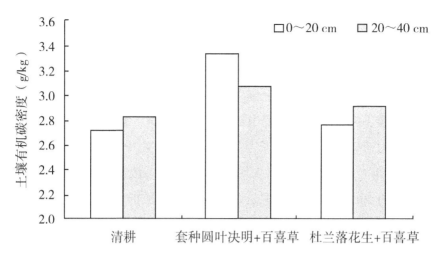

图9-4　不同生物处理下茶园土壤有机碳密度

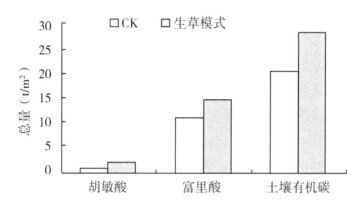

图9-5　茶园土壤有机碳及组成的变化

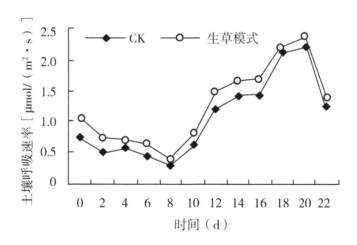

图9-6　茶园土壤呼吸速率的变化

二、茶园套种绿肥的碳流失阻控效应

土壤侵蚀过程会引起大部分土壤有机碳伴随着土壤一起被迁移和再分布，致使土壤有机碳含量下降，在冲刷过程中部分有机碳易被矿化，并以 CO_2 的形式释放到大气中，从而对全球的环境变化产生重要影响。根据 IPCC（政府间气候变化专门委员会）的估计，土壤有机碳损失对全球大气 CO_2 浓度升高的贡献率为 30%～50%，其中大约 50% 的有机碳损失是由土壤侵蚀造成的。尽管土壤侵蚀普遍存在，但土壤侵蚀对土壤碳循环影响的研究较少，土壤侵蚀对全球碳循环的影响机理及动力机制还不清楚（张春霞 等，2008），生产中尤其缺乏高效稳产的固碳减排技术，这也是我国农村节能减排和碳汇农业发展中急需解决的问题。

本研究通过径流小区观测方法研究不同垦殖方式下红壤丘陵地茶园土壤有机碳随地表径流和推移质流失的动态规律，探讨土壤侵蚀对茶园土壤有机碳损失的贡献，为土壤侵蚀对碳动力机制的影响研究提供科学参考。不同垦殖方式分别为顺坡清耕、顺坡植草（茶行间套种百喜草）、梯台清耕、梯台植草（茶行间套种百喜草），每个处理 3 次重复。各试验小区长 25 m，宽 4 m，面积 100 m²，小区间用长宽各 50 cm 的水泥预制板隔开，预制板埋地深 25 cm，露地面 15 cm，预制板间用水泥沙浆勾缝连接。各小区下方设 1 m³ 的泥沙沉淀池和贮水池各 1 个。茶树品种为梅占，2006 年定植。不同垦殖方式处理茶树的施肥管理方法一致，清耕处理采取人工不定期清除园面杂草。2013 年共产流 13 次，产流结束后，测量径流池中泥水样体积。混匀泥水，采集 1 L 泥水样烘干测定泥沙浓度。采集 2～5 L 泥水样，过滤，收集 100 mL 水样，加入 6 mol/L 的 H_2SO_4 溶液，调节 pH 值至 2～3，放入 2～4 ℃冰柜中保存；径流和降水中总有机碳含量利用岛津 TOC 仪测定。泥沙中总有机碳含量采用重铬酸钾外加热法测定（鲍士旦，1999）。

1. 地表径流中有机碳的差异

地表径流中有机碳主要来自大气降水、植被（包括活植物体和凋落物）的淋溶输入以及土壤有机物的侵蚀。由图 9-7 可知，不同垦殖方式下茶园地表径流中有机碳含量存在一定差异。顺坡垦殖方式地表径流中有机碳含量比梯台垦殖方式高出 45.5%～54.1%；生草覆盖处理比清耕处理高出 12.9%～19.6%。就地表径流中有机碳的构成比例而言（图 9-8），顺坡清耕处理地表径流中有机碳主要源自土壤有机物的侵蚀，占 63.34%，梯台清耕处理地表径流中有机碳主要源自大气降水，占 63.79%。相对清耕处理而言，生草处理地表径流中有机碳来自大气降水的比例有所降低，而来自植被淋溶输入和土壤有机物侵蚀的比例增加。

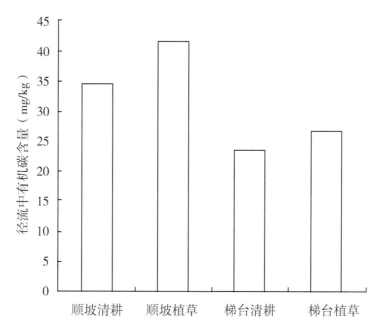

图 9-7 地表径流中总有机碳含量

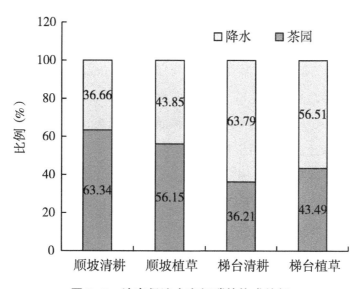

图 9-8 地表径流中有机碳的构成特征

2. 侵蚀泥沙中土壤有机碳的差异

通过对泥沙和土壤中有机碳含量的对比分析表明，泥沙中有机碳具有明显的富集现象，但其富集程度因不同开垦方式而有所差异。由表9-2可以看出，顺坡植草处理侵蚀泥沙有机碳的富集比顺坡清耕处理高出2.61%，梯台植草处理比梯台清耕处理高出8.76%，原因是土壤在发生侵蚀时，往往表层土壤发生剥离运移，而表层土壤受植被因素的影响，有机碳含量较高，这些剥离运移的土壤形成的侵蚀泥沙往往会发生养分富集。梯台处理侵蚀泥沙有机碳的富集比顺坡处理高0.7%~6.7%，说明富集系数的大小还会受推移质的沉积特征影响。

表9-2　流失泥沙的有机碳富集比

处理	土壤有机碳 （g/kg）	泥沙中有机碳 （g/kg）	富集比
顺坡清耕	4.79	8.13	1.70
顺坡植草	5.19	9.04	1.74
梯台清耕	7.89	13.48	1.71
梯台植草	8.68	16.13	1.86

3. 茶园土壤有机碳的径流损失特征

就土壤有机碳的损失途径而言，不同垦殖方式下茶园土壤有机碳流失均以推移质损失为主，占流失总量的87.4%~98.6%，而径流损失仅占1.4%~12.6%（图9-9）。但生草处理土壤有机碳以推移质形式损失的比例比清耕处理降低了5.7%~12.2%，而径流损失所占比例提高了65.3%~753.8%。梯台清耕方式以推移质损失的比例比顺坡清耕处理提高了0.5%~6.7%，而以径流损失的比例降低了3.3%~81.3%，这可能与梯台坍塌有关，尤其是在暴雨季节。

土壤侵蚀是指表层土壤在外营力作用下发生破坏、剥蚀、迁移/再分布以及沉积过程，是受多种因素影响的地质现象，其导致的碳流失量被广泛关注。土壤侵蚀的原位效应表现为富含有机碳的表土随地表径流流失，土层变薄，使侵蚀区土壤的肥力和保水性下降，植物可利用的土壤养分缺失，从而威胁到粮食安全和生态环境的长期可持续性发展（裴会敏 等，2012）。水蚀作为土壤侵蚀的主要形式之一，其

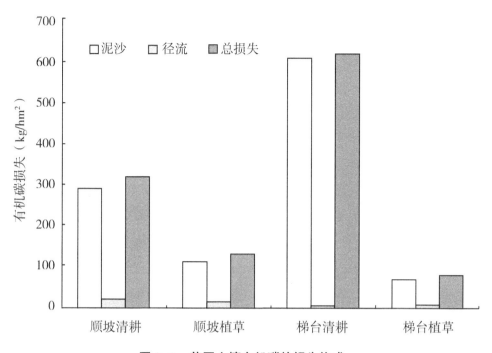

图 9-9　茶园土壤有机碳的损失构成

对坡面土壤有机碳的迁移及分布的影响是一个非常复杂的物理化学过程，受气候、土壤性质、地形、土地利用状况等众多因素的影响（张雪 等，2012）。水力侵蚀作用下土壤有机碳以泥沙结合态和径流溶解态两种形式流失。有研究发现，通过泥沙流失的有机碳含量和通过径流流失的有机碳含量相当，二者没有明显差异（袁东海 等，2002），但也有研究认为泥沙迁移是土壤有机碳流失的主要原因，有高达95%的碳是随着泥沙迁移而流失的（贾松伟 等，2004），出现以上不同研究结果的原因主要是和土壤有机碳在不同侵蚀条件下随水沙迁移的复杂性有密切关系（聂小东 等，2013）。本研究结果表明，泥沙迁移是不同垦殖方式下茶园土壤有机碳的主要流失方式，泥沙结合态有机碳流失量占到总有机碳流失量的87.4%以上，这与聂小东等（2013）的研究结果一致。王文欣等（2013）的研究表明，土壤覆盖度越低，土壤有机碳流失量越高。本研究结果表明，茶园生草处理土壤有机碳以推移质形式损失的比例比清耕处理降低了5.7%～12.2%。一般地，植物覆盖层持水蓄有机碳是林地的重要功能之一。植物覆盖层蓄积量越大，持水率越高，其截留有机碳的能力也越大（王民 等，2008）。梯台清耕方式径流损失的比例比顺坡清耕降低了3.3%～81.3%，这主要是梯台垦殖方式对土壤有机碳流失的调控作用主要表现在通过分割坡面，改变地表微地形，截短径流流线，增加入渗有效减缓了降水对茶园土壤的侵蚀和冲刷作用，拦蓄并减少坡面径流及径流所携带的有机碳，对于水土保持和土壤有机碳库的调控具有重要作用（陈敏全 等，2015）。

泥沙是土壤有机碳流失的重要载体，不同降水强度下，泥沙结合碳随泥沙迁移特征的变化而变化。有研究认为泥沙碳的富集是土壤有机碳选择性迁移的表现形式，是质量较轻、有机碳含量较高的土壤颗粒在一定的径流运输作用下优先迁移的结果（Massey et al.，1952）。产流发生后，由于径流首先选择搬运土壤细颗粒，因此，与原地土壤相比，泥沙中细颗粒特别是黏粒含量显著增加，结果导致泥沙黏粒的富集。大多数的研究表明，黏粒等小粒级土壤是土壤有机碳流失的主要载体（Jin et al.，2009），有机碳在泥沙中呈现富集现象。富集比指侵蚀泥沙中某种土壤组分的含量与原地土壤中该组分含量的比值（Jacinthe et al.，2004）。一些研究也认为，土地管理方式和植被条件以及土壤类型等与有机碳富集比也有密切关系（Ruiz-Colmenero et al.，2011）。贾松伟等（2004）的研究表明，土壤有机碳流失主要以泥沙为承载体被带走，随径流被带走的只是很少的一部分；土壤侵蚀造成了有机碳在泥沙中的富集，且富集比大于1。本研究结果表明，顺坡植草处理侵蚀泥沙有机碳的富集比与顺坡清耕处理相比高出2.61%，梯台植草处理比梯台清耕处理高出8.76%，这可能是因为地表覆盖影响了茶园土壤表层有机碳的富集，从而影响到土壤受到侵蚀作用后的泥沙中有机碳的富集特征。

第四节　茶园套种绿肥生态系统的效益评价

能值分析（Emergy analysis）是由著名生态学家 H. T. Odum 创立的生态—经济系统研究理论和方法，能值分析将所有形式的能量（资源、燃料、商品、服务等直接或间接的能源）都转化为太阳能值来表示，其基本单位是太阳能焦耳（Solar emjoules，sej）。运用能值分析，可以把各种形式的能量以及经济流转换为统一标准的能值加以比较和研究，这就可以将生态环境系统与人类社会经济系统有机联系起来，定量分析自然和人类经济活动的真实价值。目前，能值分析方法已广泛应用在国家、省域、城市、县域、自然资源、农业等各种生态系统或生态经济系统中。

生态系统服务功能是指生态系统和生态过程所形成及维持的人类赖以生存的自

然环境与效用。它不仅为人类提供了食品、医药及其他生产生活原料，还创造与维持着地球生命支持系统，形成了人类生存所必需的环境条件（欧阳志云 等，1999）。对生态系统服务功能及其价值的评估已成为研究的热点，国内的研究人员已对农田生态系统和森林生态系统进行了评估（杨丽雯 等，2006；孙新章 等，2007）。茶园生态系统在提供茶叶供给的同时，还能提供固碳释氧、涵养水源、保持水土以及游憩等非产品的生态服务。

本研究将能值分析理论和生态系统服务功能引入套种绿肥生态茶园这一农业生态系统中，对常规茶园和套种绿肥生态茶园的运行状况进行系统调查研究，科学评估这两种茶园生态系统的可持续性、综合生态经济效益和生态服务功能，有利于深入认识套种绿肥生态茶园的重要性，加强人们对茶园生态系统的保护，保证其生态服务功能正常发挥，并为茶园的合理经营、持续利用提供科学依据。

一、茶园套种绿肥生态系统的能值分析

1. 两种模式能值投入和产出分析

2007 年常规茶园（模式 I）和套种绿肥生态茶园（模式 II）能值投入和产出如表 9-3 和表 9-4 所示，两种模式下系统能值投入总值分别为 4.28×10^{17} sej 和 3.14×10^{17} sej。由于试验区面积一致，因此可更新自然资源和不可更新资源投入一致，分别为 1.17×10^{17} sej 和 7.80×10^{15} sej，常规茶园和套种绿肥生态茶园不可更新辅助能值投入分别为 1.87×10^{17} sej 和 6.32×10^{16} sej，这主要是由于套种绿肥生态茶园未使用化肥，因此导致不可更新辅助能投入低于常规茶园；可更新有机能投入分别为 1.16×10^{17} sej 和 1.26×10^{17} sej，这主要由于套种绿肥生态茶园有机肥使用高于常规茶园所致。两种模式下系统能值产出表现为常规茶园高于套种绿肥生态茶园，分别为 8.45×10^{17} sej 和 6.94×10^{17} sej。

表 9-3　2007 年茶园生态系统能值投入和产出

指标	原始数据		能值转化率（sej/J 或 sej/kg 或 sej/美元）	太阳能值（sej）	
	模式 I	模式 II		模式 I	模式 II
可更新自然资源投入（R）					

（续表）

指标	原始数据		能值转化率（sej/J 或 sej/kg 或 sej/美元）	太阳能值（sej）	
	模式 I	模式 II		模式 I	模式 II
太阳能	$1.05×10^{15}$ J	$1.05×10^{15}$ J	1.00	$1.05×10^{15}$	$1.05×10^{15}$
雨水化学能	$1.80×10^{12}$ J	$1.80×10^{12}$ J	$1.54×10^{4}$	$2.78×10^{16}$	$2.78×10^{16}$
雨水势能	$2.15×10^{12}$ J	$2.15×10^{12}$ J	$4.10×10^{4}$	$8.80×10^{16}$	$8.80×10^{16}$
不可更新自然资源（N）					
表土损失率	$1.25×10^{11}$ J	$1.25×10^{11}$ J	$6.25×10^{4}$	$7.80×10^{15}$	$7.80×10^{15}$
不可更新辅助能（F）					
化肥	$3.65×10^{4}$ kg	0	$2.80×10^{12}$	$1.02×10^{17}$	0
农药	$1.46×10^{3}$ kg	$7.30×10^{2}$ kg	$1.62×10^{12}$	$2.37×10^{15}$	$1.18×10^{15}$
电力	$5.20×10^{11}$ J	$3.90×10^{11}$ J	$1.59×10^{5}$	$8.27×10^{16}$	$6.20×10^{16}$
可更新有机能（T）					
人力	$2.18×10^{4}$美元	$2.18×10^{4}$美元	$4.94×10^{12}$	$1.08×10^{17}$	$1.08×10^{17}$
有机肥	$3.21×10^{11}$ J	$6.95×10^{11}$ J	$2.70×10^{4}$	$8.66×10^{15}$	$1.88×10^{16}$
产出（Y）					
茶叶	$4.22×10^{12}$ J	$3.47×10^{12}$ J	$2.00×10^{5}$	$8.45×10^{17}$	$6.94×10^{17}$

表 9-4　2007 年茶园生态系统能值投入和产出汇总

指标	表达式	太阳能值（sej）	
		模式 I	模式 II
总可更新自然资源投入	E_{mR}	$1.17×10^{17}$	$1.17×10^{17}$
总不可更新自然资源	E_{mN}	$7.80×10^{15}$	$7.80×10^{15}$
总不可更新辅助能	E_{mF}	$1.87×10^{17}$	$6.32×10^{16}$
总可更新有机能	E_{mT}	$1.16×10^{17}$	$1.26×10^{17}$
总能值投入	$E_{mU}=E_{mR}+E_{mN}+E_{mF}+E_{mT}$	$4.28×10^{17}$	$3.14×10^{17}$
能值总产出	E_{mY}	$8.45×10^{17}$	$6.94×10^{17}$

2. 主要能值指标比较分析

常规茶园（模式Ⅰ）和套种绿肥生态茶园（模式Ⅱ）的主要能值指标比较见表9-5。

表9-5 2007年茶园生态系统能值指标体系

指标项	表达式	模式Ⅰ	模式Ⅱ
能值自给率（ESR）	$(R+N)/U$	29.11%	39.68%
能值投资率（EIR）	$(F+T)/(R+N)$	2.43	1.52
净能值产出率（EYR）	$Y/(F+T)$	2.78	3.66
环境负载率（ELR）	$(F+N)/(R+T)$	0.837	0.292
能值可持续指标（EIS）	EYR/ELR	1.195	3.423

（1）能值自给率（Emergy self-sufficiency ratio，ESR）：等于环境的无偿投入（$R+N$）/能值总投入（U），是衡量资源环境对系统的贡献程度的指标，其值越大，表示环境资源对系统的生产贡献率越大。本研究表明，套种绿肥生态茶园能值自给率为39.68%，远高于常规茶园的29.11%，说明套种绿肥茶园对环境资源的利用程度高，环境资源的成本和贡献率大于常规茶园。

（2）能值投资率（Emergy investment ration，EIR）：等于经济反馈能值（$F+T$）/环境无偿投入（$R+N$），是衡量经济发展程度的指标，其值越大，表示系统发展程度越高。本研究表明，模式Ⅰ的能值投资率（2.43）高于模式Ⅱ（1.52），这主要由于模式Ⅰ购买的物质资源能值高于模式Ⅱ所致，说明模式Ⅰ对市场经济的依赖程度大。

（3）净能值产出率（Emergy yield ratio，EYR）：等于系统的产出能值（Y）/经济反馈能值（$F+T$），是衡量生产效率的指标，其值越大，表示生产效率越高。本研究表明，模式Ⅱ的净能值产出率为3.66，高于模式Ⅰ的2.78，说明模式Ⅱ的产投比和生产效率高于模式Ⅰ，即以较低的投入获得高的产出。

（4）环境负载率（Environment loading ratio，ELR）：等于系统不可更新资源投入（$F+N$）/可更新资源投入（$R+T$），是衡量环境负载程度的指标，其值越大，表示生产过程中对环境的破坏越大。两种模式下系统的环境负载率均低于1，表明这两种模式对环境的破坏性较小，其中模式Ⅱ的环境负载率（0.292）远低于模式Ⅰ

（0.837），说明套种绿肥生态茶园对环境的损害程度更小。

（5）可持续发展指数（Emergy index for sustainable development，EIS）：等于净能值产出率（*EYR*）/环境负载率（*ELR*），模式Ⅱ的可持续发展指数（3.423）远高于模式Ⅰ（1.195），说明模式Ⅱ具有更高的可持续发展能力。

综上所述，无论是从生产效率（净能值产出率）、环境负载程度考虑，还是从可持续发展程度考虑，套种绿肥生态茶园模式均优于常规茶园，再综合考虑生态茶的品牌效应及食品安全等指标，套种绿肥生态茶园是茶产业发展的可持续模式。

二、茶园套种绿肥生态系统的服务功能

1. 有机物质生产

生态系统有机物质的一小部分作为人类赖以生存的食物或生活必需品，表现为直接价值；其余大部分未被人类直接利用的部分却支撑着整个生物界，为所有的动物、异氧微生物提供食物和生活场所，其经济价值根据中国生物多样性直接价值评估的 9 倍加以计算。由表 9-6 可知，套种绿肥茶园有机物质生产的价值为 33 450 元/hm²，比常规茶园高出 48.7%。

表 9-6 常规茶园与套种绿肥茶园有机物质生产的价值

项目	直接价值		间接价值	
	茶叶单产（kg/hm²）	茶叶收入（元/hm²）	绿肥生物量（kg/hm²）	经济价值（元/hm²）
常规茶园	1 500	22 500	—	—
套种绿肥茶园	1 050	30 000	25 500	3 450

2. 维持大气 CO_2 与 O_2 的平衡

生态系统通过光合作用和呼吸作用与大气进行 CO_2 和 O_2 的交换，这对维持地球大气中的 CO_2 和 O_2 的动态平衡、减缓温室效应以及提供人类生存的最基本条件有着巨大的不可替代的作用。根据光合作用方程式推算，每形成 1 g 干物质，需要 1.62 g CO_2，释放 1.20 g O_2。茶园生态系统固定 CO_2 价值采用中国造林成本

（260.90 元/t C）和瑞典税率（150 美元/t C）法计算，释放 O_2 价值采用中国造林成本（352.93 元/t O_2）和氧气工业成本（0.4 元/kg）法计算。由表 9-7 可知，套种绿肥茶园生态系统年固定 CO_2 43.01 t/hm²，释放 O_2 31.86 t/hm²，每年固定 CO_2 的价值为 6 508.5～25 447.5 元/hm²，释放 O_2 的价值为 11 244～12 744 元/hm²，其总价值平均是常规茶园的 17.7 倍。

表 9-7　常规茶园与套种绿肥茶园固定 CO_2 和释放 O_2 价值

项目	CO_2 固定价值			O_2 释放价值		
	CO_2 固定量（t/hm²）	造林成本法（元/hm²）	碳税法（元/hm²）	O_2 释放量（t/hm²）	造林成本法（元/hm²）	工业制氧法（元/hm²）
常规茶园	24.30	367.5	1 437	18.00	636	720
套种绿肥茶园	43.01	6 508.5	25 447.5	31.86	11 244	12 744

3. 营养物质的循环

生态系统营养物质循环的最主要过程是生物与土壤之间的养分交换过程，也是植物进行初级生产的基础，对维持生态系统的功能和过程十分重要。本研究以茶园生态系统的生物产量为基础，粗略估算其重要营养物质氮、磷、钾在生态系统中的年吸收量。结果表明，套种绿肥茶园每年吸收氮、磷、钾营养元素折合化肥量为 1 268.51 kg/hm²，每年在固定氮、磷、钾等营养物质的循环中所创造的间接经济价值为 3 233.41 元/hm²，是常规茶园的 12.08 倍（表 9-8）。

表 9-8　常规茶园和套种绿肥茶园净生产氮、磷、钾物质量和价值量

项目		常规茶园		套种绿肥茶园	
		折合化肥量（kg/hm²）	价值（元/hm²）	折合化肥量（kg/hm²）	价值（元/hm²）
茶树	N	67.5	172.06	47.25	120.44
	P_2O_5	7.5	19.12	5.25	13.38
	K_2O	30.0	76.47	21.00	53.53

（续表）

项目		常规茶园		套种绿肥茶园	
		折合化肥量 （kg/hm²）	价值 （元/hm²）	折合化肥量 （kg/hm²）	价值 （元/hm²）
绿肥	N	—	—	575.54	1 467.04
	P₂O₅	—	—	106.88	272.43
	K₂O	—	—	512.59	1 306.59
合计		105	267.65	1 268.51	3 233.41

4. 水土保持

本研究以我国耕作土壤的平均厚度 0.5 m 作为茶园的土层厚度，由此计算出每公顷套种绿肥茶园栽培模式每年可减少土地损失面积 45.79 m²，比常规茶园栽培模式高 68.97%。采用机会成本法估算茶园生态系统因控制土壤侵蚀而减少土地废弃所产生的生态经济效益，套种绿肥茶园价值量为 48.86 元/hm²，是常规茶园的 1.69 倍。根据茶园径流区推移质全氮和全磷含量的平均值及每年土壤保持量，对茶园每年减少的氮、磷元素的损失量进行估算。结果表明，套种绿肥茶园每年减少氮和磷损失量分别为 1.24 kg/hm² 和 17.08 kg/hm²，每年减少土壤氮磷损失的经济价值是常规茶园的 1.7 倍（表 9-9）。

表 9-9　常规茶园和套种绿肥茶园每年减少土壤侵蚀的经济价值

项目	土壤保持量 （t/hm²）	折合土地 面积（m²）	价值 （元/hm²）	N 保持量 （kg/hm²）	P₂O₅保持量 （kg/hm²）	价值 （元/hm²）
常规茶园	15.99	27.10	28.91	0.74	10.11	27.65
套种绿肥茶园	27.02	45.79	48.86	1.24	17.08	46.70

5. 水源涵养

考虑非毛管孔隙的静态蓄水量是衡量生态系统水源涵养功能的一个十分重要的指标。利用土壤非毛管静态蓄水量法计算茶园生态系统土壤水分涵养量。采用替代工程法，以水库的蓄水成本（1990 年不变价 0.67 元/t）来定量评价茶园生态系统涵养水分的价值。结果表明，套种绿肥茶园每年可涵养水分量为 325.88 t/hm²，涵养水源的价值为 218.34 元/hm²，是常规茶园的 1.2 倍（表 9-10）。

表 9-10　常规茶园和套种绿肥茶园涵养水源的间接价值

项目	土层（cm）	非毛管含水率（%）	涵养水分量（t/hm²）	价值［元/（hm²·a）］
常规茶园	0～20	4.94	129.35	86.66
	20～40	5.92	149.40	100.10
	小计		278.74	186.76
套种绿肥茶园	0～20	6.85	167.28	112.08
	20～40	6.27	158.60	106.26
	小计		325.88	218.34

三、小结与讨论

运用 H. T. Odum 的能值评估原理和方法，定量计算了套种绿肥茶园生态系统的能值指标，并与常规茶园的能值指标相比较。结果显示：套种绿肥生态系统能值投资率（EIR）为 1.52，净能值产出率（EYR）为 3.66，环境负载率（ELR）为 0.292，能值自给率（ESR）为 39.68%，系统能值可持续指数（EIS）为 3.423。这些指标表明茶园套种绿肥生态系统对自然资源破坏少，环境压力小，是优良的生态农业模式。

为深入探索套种绿肥茶园生态系统的生态价值，运用生态系统服务功能价值评价法，初步定量评价了套种绿肥茶园生态系统在有机物质生产、维持大气 CO_2 与 O_2 的平衡、营养物质的循环、水土保持、水源涵养等 5 项服务功能的价值。结果表明：套种绿肥茶园每年有机物质生产的价值为 33 450 元/hm²，比常规茶园高出 48.7%；套种绿肥茶园生态系统每年维持大气 CO_2 与 O_2 的平衡、营养物质的循环、水土保持、水源涵养的价值分别是常规茶园的 17.7 倍、12.08 倍、1.7 倍和 1.2 倍。

参考文献

鲍士旦，1999. 土壤农化分析［M］. 北京：中国农业出版社．

陈敏全，王克勤，2015. 坡耕地不同水土保持措施对径流泥沙与土壤碳库的影响 [J]. 广东农业科学，42（6）：124-129.

陈慕松，2003. 闽东侵蚀劣地幼龄茶园套种绿肥的生态效应 [J]. 茶叶科学技术（1）：8-10.

封海胜，万书波，左学青，1999. 花生连作土壤及根际主要微生物类群的变化及与产量的相关 [J]. 花生科技（S1）：277-283.

傅尚文，张优，舒爱民，等，2008. 新垦幼龄有机茶园绿肥间作技术 [J]. 中国茶叶，30（8）：21-23.

巩雪峰，余有本，肖斌，等，2008. 不同栽培模式对茶园生态环境及茶叶品质的影响 [J]. 西北植物学报，28（12）：2485-2491.

郭永霞，李彩华，靳学慧，2006. 农业措施对大豆根际土壤微生物区系的影响 [J]. 中国农学通报，22（10）：234-237.

胡磊，2010. 套种圆叶决明和施肥对茶园土壤固氮微生物群落的影响 [D]. 福州：福建农林大学.

黄东风，林新坚，罗涛，2002. 茶园牧草套种技术应用及其生态效应分析 [J]. 中国茶叶，24（6）：16-18.

贾松伟，贺秀斌，陈云明，等，2004. 黄土丘陵区土壤侵蚀对土壤有机碳流失的影响研究 [J]. 水土保持研究，11（4）：88-90.

江新凤，杨普香，石旭平，等，2014. 幼龄茶园套种绿肥效应分析 [J]. 蚕桑茶叶通讯（6）：20-22.

姜铭北，俞巧钢，孙万春，等，2022. 秸秆覆盖和绿肥种植对茶叶品质与产量的影响 [J]. 浙江农业科学，63（4）：682-684.

李会科，张广军，赵政阳，等，2007. 黄土高原旱地苹果园生草对土壤养分的影响 [J]. 园艺学报，34（2）：477-480.

梁丽妮，郭晓光，廖星，等，2019. 适宜茶园套种的绿肥型油菜资源筛选及初步应用 [J]. 中国油料作物学报，41（6）：825-834.

林黎，2017. 草种组合套种对山地茶园土壤性状及茶叶品质的影响 [J]. 茶叶学报，58（4）：174-178.

刘金龙，高水练，2018. 生态茶园管理模式探索与实践——以安溪县举源茶叶专业合作社为例 [J]. 中国茶叶加工（2）：28-30.

罗博仁，李聪聪，朱悦蕊，等，2019. 3 种绿肥对茶园土壤 pH 值和交换性阳离

子含量的影响 [J]. 亚热带农业研究, 15 (2): 121-126.

罗旭辉, 钟珍梅, 詹杰, 等, 2009. 几种牧草在福建侵蚀茶园生态修复中的应用 [J]. 亚热带水土保持, 21 (4): 45-48.

聂小东, 李忠武, 王晓燕, 等, 2013. 雨强对红壤坡耕地泥沙流失及有机碳富集的影响规律研究 [J]. 土壤学报, 50 (5): 900-908.

欧阳志云, 王效科, 苗鸿, 1999. 中国陆地生态系统服务功能及其生态经济价值的初步研究 [J]. 生态学报, 19 (5): 607-613.

潘荣艺, 户杉杉, 陈志鹏, 等, 2019. 马唐与铁观音茶树复合生长系统的生态效应研究 [J]. 现代农业研究 (3): 55-62.

裴会敏, 许明祥, 李强, 等, 2012. 侵蚀条件下土壤有机碳流失研究进展 [J]. 水土保持研究, 19 (6): 269-274.

齐龙波, 周卫军, 郭海彦, 等, 2008. 覆盖和间作对亚热带红壤茶园土壤磷营养的影响 [J]. 中国生态农业学报, 16 (3): 593-597.

沈程文, 肖润林, 徐华勤, 等, 2006. 覆盖与间作对亚热带丘陵区茶园土壤微生物的影响 [J]. 水土保持学报, 20 (3): 141-144.

沈洁, 董召荣, 朱玉国, 等, 2005. 茶树—苜蓿间作条件下主要生态因子特征研究 [J]. 安徽农业大学学报, 32 (4): 493-497.

时安东, 袁玲, 2009. 间作制度的土壤养分变化及生态、经济效益 [J]. 磷肥与复肥, 24 (4): 85-86.

侣国涵, 王瑞, 袁家富, 等, 2013. 绿肥与化肥配施对植烟土壤微生物群落的影响 [J]. 土壤, 45 (6): 1070-1075.

宋莉, 廖万有, 王烨军, 等, 2016. 套种绿肥对茶园土壤理化性状的影响 [J]. 土壤, 48 (4): 675-679.

宋同清, 王克林, 彭晚霞, 等, 2006a. 亚热带丘陵茶园间作白三叶草的生态效应 [J]. 生态学报, 26 (11): 3648-3656.

宋同清, 肖润林, 彭晚霞, 等, 2006b. 亚热带丘陵茶园间作白三叶的土壤环境调控效果 [J]. 生态学杂志, 25 (3): 281-285.

宋扬, 2019. 根瘤菌—豆科绿肥—茶叶间作体系的优化筛选及在化学氮肥减量中的初步应用 [D]. 南京: 南京农业大学.

孙新章, 周海林, 谢高地, 2007. 中国农田生态系统的服务功能及其经济价值 [J]. 中国人口·资源与环境, 17 (4): 55-60.

田永辉，梁远发，王国华，等，2002. 人工生态群落对茶叶品质的影响研究 [J]. 中国茶叶加工（1）：13-15.

王峰，吴志丹，江福英，等，2012. 绿肥对茶园生态系统的影响及其发展对策 [J]. 南方农业学报，43（3）：402-406.

王建红，曹凯，傅尚文，等，2009. 几种茶园绿肥的产量及对土壤水分、温度 的影响 [J]. 浙江农业科学（1）：100-102.

王民，崔灵周，李占斌，等，2008. 模拟降雨条件下径流侵蚀力与地貌特征的 动态响应关系 [J]. 水利学报，39（9）：1105-1110.

王文欣，庄义琳，庄家尧，等，2013. 不同降雨强度下坡地覆盖对土壤有机碳 流失的影响 [J]. 水土保持学报，27（4）：62-66.

吴志丹，尤志明，江福英，等，2013. 行间覆盖绿肥对幼龄茶园土壤理化性状 的影响 [J]. 福建农业学报，28（12）：1285-1290.

线琳，刘国道，郇恒福，等，2011. 施用豆科绿肥对砖红壤有效磷含量的影响 [J]. 草业科学，28（10）：1781-1786.

颜志雷，方宇，陈济琛，等，2014. 连年翻压紫云英对稻田土壤养分和微生物 学特性的影响 [J]. 植物营养与肥料学报，20（5）：1151-1160.

杨丽雯，何秉宇，黄培祐，等，2006. 和田河流域天然胡杨林的生态服务价值 评估 [J]. 生态学报，26（3）：681-689.

杨曾平，高菊生，郑圣先，等，2011. 长期冬种绿肥对红壤性水稻土微生物特 性及酶活性的影响 [J]. 土壤，43（4）：576-583.

叶菁，王义祥，王峰，等，2016. 豆科绿肥对茶园土壤有机碳矿化的模拟研究 [J]. 茶叶学报，57（3）：133-137.

袁东海，王兆骞，郭新波，等，2002. 红壤小流域不同利用方式水土流失和有 机碳流失特征研究 [J]. 水土保持学报，16（2）：24-28.

詹杰，李振武，邓素芳，等，2018. 茶草互作模式下茶园环境及茶树生长的初 步变化 [J]. 草业科学，35（11）：2694-2703.

詹杰，李振武，邓素芳，等，2019. 套种圆叶决明改善茶园生态环境促进茶树 生长 [J]. 热带作物学报，40（6）：1055-1061.

詹杰，罗旭辉，苏小珍，等，2011. 不同留株密度对圆叶决明生产性能及光合 特性的影响 [J]. 草业学报，20（5）：66-71.

张春霞，谢佰承，贾松伟，2008. 土壤侵蚀对土壤有机碳库去向的影响

[J]. 安徽农业科学, 36 (31): 13735-13736, 13742.

张雪, 李忠武, 申卫平, 等, 2012. 红壤有机碳流失特征及其与泥沙径流流失量的定量关系 [J]. 土壤学报, 49 (3): 465-472.

张亚莲, 常硕其, 傅海平, 等, 2011. 茶肥 1 号埋青对茶园土壤的生态效应研究 [J]. 茶叶通讯, 38 (4): 22-25.

张优, 吴洵, 2007. 有机茶园绿肥品种比较试验 [J]. 现代农业科技 (2): 7-8, 10.

赵茜, 施龙清, 何海芳, 等, 2021. 间作不同绿肥植物组合对茶园土壤改良的效果 [J]. 福建农业学报, 36 (5): 602-609.

BROOKES P C, 1995. The use of microbial parameters in monitoring soil pollution by heavy metals [J]. Biology and Fertility of Soils, 19 (4): 269-279.

JACINTHE P A, LAL R, OWENS L B, et al., 2004. Transport of labile carbon in runoff as affected by land use and rainfall characteristics [J]. Soil & Tillage Research, 77 (2): 111-123.

JIN K, CORNELIS W M, GABRIELS D, et al., 2009. Residue cover and rainfall intensity effects on runoff soil organic carbon losses [J]. Catena, 78 (1): 81-86.

MASSEY H F, JACKSON M L, 1952. Selective erosion of soil fertility constituents [J]. Soil Science Society of America Journal, 16 (4): 353-356.

RUIZ-COLMENERO M, BIENES R, MARQUES M J, 2011. Soil and water conservation dilemmas associated with the use of green cover in steep vineyards [J]. Soil & Tillage Research, 117: 211-223.

第十章　间作食用菌对茶园土壤的改良效果

茶树和食用菌复合栽培模式，是充分利用茶树树冠以下的空间环境和土壤环境，按食用菌覆土栽培的技术要求，有目的地选择、驯化一些有价值的木腐型、草腐型食用菌菌种，在茶园内进行复合种植，食用菌属于返生态野生栽培（贾乾义，1992；黄伟，2008）。该模式是以生态学原理为基础，按照共生互利原则，人为创建的一种多物种、多层次、多功能、多效益的高效、优质、持续、稳定的复合生态系统。生产实践证明，茶树和食用菌复合种植模式不仅能有效提高光能利用率和土地生产率，同时食用菌的养分主要来自菌筒，不与茶树争肥、争水，并且在生长过程中还能分解和同化枯枝落叶，培肥茶园土壤，促进茶园生态环境协调发展。这种特定的复合生产体系在一定程度上改变了茶园长期单一种植对环境产生的负面影响，是实现茶园经济可持续发展的有效措施。

第一节　间作食用菌对茶园土壤和茶树生长的影响

一、茶园土壤养分变化

食用菌在茶园间作过程中，不仅菌包中会有大量有机质（培养基）填充至茶园土壤，而且菌体自身会形成大量菌丝残体，同时菌体会分解其他植物残体，这些都会转变成有机无机肥源。另外，菌体在活动过程中，一方面会产生部分有机无机酸，将土壤中许多潜在的肥源解析出来；另一方面菌体的分泌作用能增加土壤活性胶体，缓解土壤养分流失，从而总体上达到增加土壤养分的作用。李振武等（2013）研究发现，幼龄茶园间作大球盖菇后土壤有机质含量增加了13.5%，土壤容重下降了4.6%，土壤pH值提高了7.5%，土壤全氮、水解氮和速效钾含量分别显著增加了 30.3%、33.7% 和 11.4%，可见，茶园间作大球盖菇能明显地改善土壤理化性状，增加土壤养分含量。田景涛等（2020）研究发现，茶园间作榆黄菇后土壤有机质、铵态氮、速效钾含量分别比间作前极显著提高 10.65%、23.78% 和 4.31%；全氮、全钾、有效磷含量均有所提高，但差异不显著；全磷含量和 pH 值都稍有降低。将糙皮侧耳间作在云南大叶茶茶园，把菌包回田用作有机肥，不仅显著降低了土壤容重、提高了土壤水解氮和有机质含量，而且还能使茶园土壤有效氮和有机质含量的肥效持续时间延长（陶忠 等，2016）。蒋玉兰等（2018）研究发现，茶园间作长根菇可明显提高土壤速效氮、磷、钾含量，对土壤有机质和 pH 值影响不明显。

二、茶园土壤酸度变化

与单作茶园相比，幼龄茶园间作大球盖菇后土壤 pH 值提高 0.4 个单位，减缓了茶园土壤的酸化（李振武 等，2013）。在云南大叶茶茶园间作糙皮侧耳，菌包回田后能显著提升土壤 pH 值（陶忠 等，2016）。茶园间作食用菌模式能提高土壤 pH 值，其原因可能是由于食用菌培养料主要成分是秸秆和木屑等碳氮比较高的生物材料，这些材料的主要成分是纤维素、半纤维素、木质素、灰分物质及一些中性物质，这些有机质腐化后，盐基离子丰富，有利于中和酸化土壤中多余的氢离子；另外，胡敏酸、腐殖酸和其他羟基类物质具有较强的螯合能力，可有效降低土壤中致酸离子（H^+，Al^{3+}）的饱和度，土壤 pH 值降低（冀保毅 等，2015）。

三、茶园土壤微生物群落变化

间作食用菌后茶园土壤微生物群落结构发生显著变化，土壤微生物群落数量和多样性普遍高于单作（贾乾义，1992）。杨云丽等（2017）在树龄 8 年的云南大叶种茶园间作平菇的研究表明，复合栽培模式下土壤细菌数量和放线菌数量的变化情况为：对照组＞两年间作＞一年间作；随着降水量的变化情况为：细菌数量持续增多，放线菌数量是旱季＞雨季＞雨季初期；真菌数量是雨季初期＞旱季＞雨季，说明茶菌复合栽培对土壤微生物类群的数量有显著影响，其原因可能与真菌喜酸性、放线菌喜碱性环境等密切相关以及水分过多对土壤微生物产生的影响。

四、茶园产量和品质变化

田景涛等（2020）研究发现，与单作茶园相比，茶园间作榆黄菇处理的第二年茶叶发芽密度显著增加了 144.6 个/m²，增幅达 16.36%；茶叶水浸出物、氨基酸、可溶性糖含量分别显著增加了 2.65%、0.49% 和 0.52%，茶多酚、花青素含量分别显著增加 1.04% 和 0.13%。李振武等（2013）研究表明，与单作相比，间作大球盖菇茶园的春茶萌发期提早 4.3 d，茶芽密度、百芽重分别提高 15.1% 和 8.0%，产量提高 11.0%，差异达到显著水平。杨洪姣等（2017）研究发现，茶树与食用菌间作可以不同程度地提高大叶茶的产量，连续间作两年菌包的茶园产量要比间作一年的茶园产量增加 5.7%。

第二节　间作灵芝对茶园土壤微生物群落的影响

灵芝是我国传统的药用真菌，具有补气安神、止咳平喘等功效。目前市场上的灵芝主要通过室外荫棚覆土的人工栽培方式获得。林下仿野生栽培食用菌是一种新兴的林下经济模式，不仅可充分利用林下资源，提高林地利用率，又能提供食用菌生长的适宜温度和湿度，使食用菌充分吸收自然环境中的天然养分，有利于品质的提升（卢陆，2017）。为探究茶园间作灵芝对茶园土壤的生态效应，本研究于 2016 年 4 月 5 日设置 2 个处理：茶园单作（CK）和茶园间作灵芝。茶园间作灵芝处理：在茶龄 10 年的福云 6 号茶树行间间作灵芝，茶行间距为 1.2 m，灵芝品种为赤芝（*Ganoderma lucidum*，编号：韩芝 8 号）；灵芝培养基配方：杂木屑 45%，五节芒粉 40%，麸皮 10%，红糖 2%，石膏粉 2%，过磷酸钙 1%；在茶树的同一侧滴水沿内，距离茶树树干 25～30 cm 开条沟将菌棒埋入土中，每行茶树间种 1 行灵芝，采用开沟深 20 cm 左右、宽 20 cm 左右竖栽，菌棒间距 5 cm，覆土 3～5 cm，按常规灵芝覆土脱袋栽培方法及茶园正常管理方法进行灵芝栽培管理。试验地位于福建省白水岩茶业有限公司山地茶园（119°4′E，26°55′N，海拔 982 m）。该地区为亚热带季风气候，年均气温 16.8 ℃，年均降水量 1 842 mm。于 2016 年 7 月 8 日，按五点采样法采集茶园内间作灵芝行内以及单作茶园中距离茶树树干 25～30 cm 处的耕层土壤（5～20 cm），去除根系等杂质，过筛后的土壤一部分存于 -20 ℃冰箱于 1 周内进行土壤细菌多样性分析；一部分经风干后测定土壤理化性质。

一、土壤化学性质变化

间作灵芝对茶园土壤化学性质的影响见表10-1。与茶园单作相比，间作灵芝处理显著增加了土壤有机质（92.27%）、全氮（70.60%）、速效氮（52.69%）和有效磷（379.68%）含量，显著降低了速效钾含量（36.65%）和pH值（0.67个单位），而对全磷和全钾的影响不显著。

表10-1　茶园单作和间作灵芝处理的土壤化学性质

处理	单作茶园	茶园间作灵芝
pH值	4.90a	4.23b
有机质（g/kg）	28.03b	53.90a
全氮（g/kg）	1.21b	2.07a
全磷（g/kg）	0.25a	0.39a
全钾（g/kg）	5.38a	5.39a
速效氮（mg/kg）	133.80b	204.30a
有效磷（mg/kg）	10.33b	49.57a
速效钾（mg/kg）	147.33a	93.33b

注：同行不同小写字母表示处理间差异显著（$P < 0.05$）。

二、土壤细菌群落丰度与多样性变化

高通量测序后共获得476 012条有效序列，茶园单作和间作灵芝处理的平均有效序列分别为59 005条和59 998条。经过与数据库比对注释后，共获得19 528个OTU（Operational taxonomic unit，操作分类单元），茶园单作和间作灵芝处理的平均OTU数为2 377个和2 505个。通过随机抽样方法，以抽到的序列数与它们所代表的OTU数目构建稀释性曲线可直接反映测序数据量的合理性以及间接反映物种的丰富程度，随着序列数的增大，两个处理的细菌稀释曲线均基本趋于平缓（图10-1），说明测序数据量渐进合理，更多的数据量只会产生少量新的物种（OTUs）。样本文库的覆盖率指数在99.2%以上，说明测序结果能够代表土壤中细菌种群的真实情况

（表 10 - 2）。间作灵芝处理的土壤细菌群落丰度指数（物种数、Chao1 指数、ACE）和多样性指数（香农指数、辛普森指数）与对照相比无显著性差异，说明间作灵芝并未显著改变细菌群落丰度及多样性。

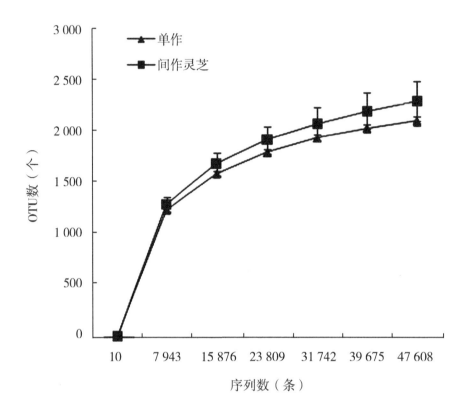

图 10-1　茶园单作和间作灵芝处理的细菌稀释曲线分析

表 10-2　茶园单作和间作灵芝处理的细菌群落丰度与多样性指数

处理	单作茶园	茶园间作灵芝
物种数	2 119a	2 309a
香农指数	9.12a	9.12a
辛普森指数	0.99a	0.99a
Chao1 指数	2 328.43a	3 083.72a
ACE	2 365.51a	2 713.73a
覆盖率（%）	99.20a	98.90a

注：物种数，Observed species，即样品中含有的物种数目；Chao1，估算样品中所含 OTU（Operational taxonomic unit，操作分类单元）数目的指数，指数越大代表样本中所含物种越多；ACE，Abundance-based coverage estimator，基于丰度覆盖的估计量。同一行不同字母表示在 0.05 水平上差异显著。

三、土壤细菌群落组成与群落结构

在门水平上，单作和间作灵芝茶园土壤中的优势菌群（相对丰度＞5%）均为变形菌门（Proteobacteria）、酸杆菌门（Acidobacteria）和放线菌门（Actinobacteria），其总的相对丰度分别为 74.85% 和 78.95%（图 10-2）。另外，绿弯菌门、拟杆菌门、浮霉菌门、疣微菌门、厚壁菌门、芽单胞菌门、WD272 的相对丰度比较低（0.65%～4.74%）。与单作相比，间作灵芝茶园土壤的变形菌门的相对丰度显著提高 21.18%（$P<0.05$），而酸杆菌门和芽单胞菌门的相对丰度显著降低 15.09% 和 53.52%（$P<0.05$），其他细菌门类变化不显著。变形菌门由 α-变形菌纲、γ-变形菌纲、β-变形菌纲和 δ-变形菌纲组成，与单作相比，间作灵芝茶园土壤的 β-变形菌门的相对丰度显著提高 121.29%（$P<0.05$），而 α-变形菌纲、γ-变形菌纲和 δ-变形菌纲变化不显著（图 10-3）。

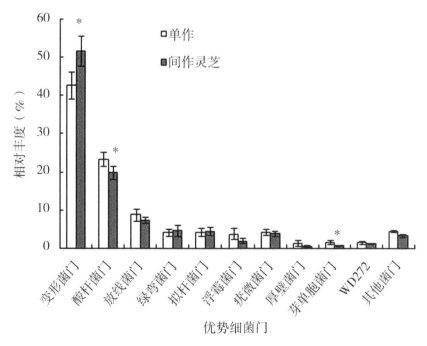

图 10-2　茶园单作和间作灵芝土壤中优势细菌门相对丰度

注：＊表示处理间差异显著（$P<0.05$）。

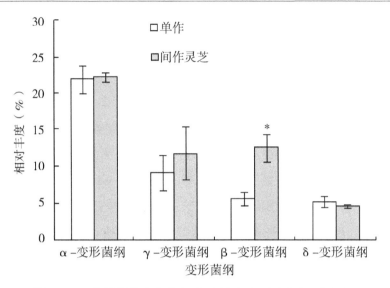

图 10-3　茶园单作和间作灵芝土壤中变形菌纲相对丰度

注：＊表示处理间差异显著（$P < 0.05$）。

单作和间作灵芝茶园处理相对丰度＞0.5%的属分别占总细菌属的 22.43% 和 30.36%（图 10-4）。单作茶园处理的优势属（相对丰度＞2%）为不动杆菌属

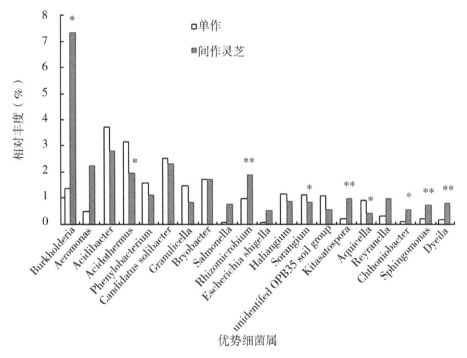

图 10-4　茶园单作和间作灵芝土壤中优势细菌属相对丰度

注：＊表示处理间差异显著（$P < 0.05$）；＊＊表示处理间差异极显著（$P < 0.01$）。

（*Acidibacter*）、热酸菌属（*Acidothermus*）、*Candidatus solibacter*；间作灵芝处理的优势属为伯克氏菌属（*Burkholderia*）、气单胞菌属（*Aeromonas*）、不动杆菌属（*Acidibacter*）、*Candidatus solibacter*。与单作茶园相比，间作灵芝处理显著增加了伯克氏菌属（*Burkholderia*）、根微杆菌属（*Rhizomicrobium*）、北里孢菌属（*Kitasatospora*）、*Chthoniobacter*、鞘氨醇单胞菌属（*Sphingomonas*）、戴氏菌属（*Dyella*）的相对丰度，显著降低了热酸菌属（*Acidothermus*）、堆囊菌属（*Sorangium*）、柯克斯体属（*Aquicella*）的相对丰度。

排序分析（图 10-5）和 Anosim 分析（$P=0.032$）表明单作和间作灵芝处理之间的细菌群落结构差异显著，说明套种灵芝后改变了土壤的细菌群落结构。

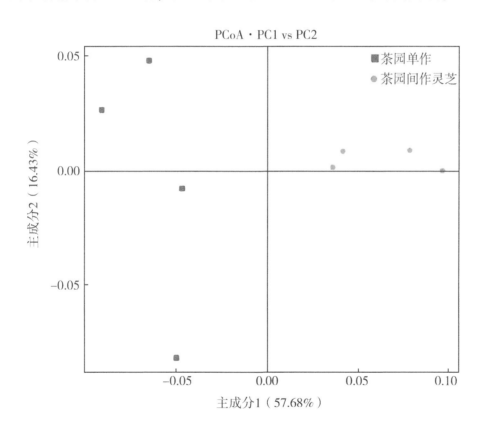

图 10-5　茶园单作和间作灵芝土壤基于主坐标（PCoA）的群落结构分析

四、细菌群落结构与土壤理化性质相关性

变形菌门与土壤 pH 值呈显著负相关，与全氮呈显著正相关（表 10-3）。酸杆

菌门与全氮呈显著负相关，与速效钾呈显著正相关。疣微菌门与全磷呈显著负相关。其他细菌群落与土壤理化性质之间的相关性不显著。

表 10-3　优势细菌门与土壤理化性质相关关系

细菌门	pH 值	有机质	全氮	全磷	全钾	碱解氮	有效磷	速效钾
变形菌门	−0.93*	0.77	0.93*	0.60	0.26	0.77	0.77	−0.83
酸杆菌门	0.81	−0.77	−0.90*	−0.43	−0.09	−0.77	−0.60	0.89*
放线菌门	0.55	−0.66	−0.49	0.37	0.60	−0.66	−0.49	−0.09
绿弯菌门	0.03	0.03	−0.14	−0.14	−0.26	0.03	0.37	−0.26
拟杆菌门	0.03	0.09	0.06	−0.26	0.09	0.09	−0.09	0.54
浮霉菌门	0.67	−0.43	−0.70	−0.83	−0.60	−0.43	−0.49	0.83
疣微菌门	0.38	−0.09	−0.35	−0.89*	−0.77	−0.09	−0.37	0.71
厚壁菌门	0.20	−0.49	−0.32	0.37	0.03	−0.49	−0.49	−0.09
芽单胞菌门	0.64	−0.66	−0.58	−0.14	0.20	−0.66	−0.83	0.77
WD272	0.43	−0.20	−0.31	−0.29	−0.12	−0.20	−0.20	−0.12

注：* 表示处理间差异显著（$P < 0.05$）。

五、小结与讨论

在茶园间作食用菌，从外界投入了大量的栽培料，菌体生长的过程中会形成新的菌丝残体，菌体采收后的菌渣中含有蛋白质、菌体蛋白、氨基酸、酶等各种成分，这些都可能转变成土壤的有机无机肥源。茶园间作大球盖菇明显增加了土壤全氮、速效氮和速效钾的含量（李振武 等，2013）；茶园间作长根菇也明显提升了速效氮、有效磷、速效钾的含量（蒋玉兰 等，2018）。与此相似，本研究中间作灵芝处理显著增加了土壤有机质、全氮、速效氮和有效磷含量（表 10-1）。茶树作为叶用植物，对氮素营养的需求高，茶园间作灵芝对土壤养分的增效有利于茶树的生长。此外，茶园间作大球盖菇和长根菇不会降低土壤 pH 值（李振武 等，2013；蒋玉兰 等，2018），但间作灵芝后会使土壤 pH 值显著下降。灵芝是常见的木腐菌，适宜菌丝生长的环境 pH 值为 5.0 左右。在灵芝菌丝生长、子实体出芝和出芝后的菌棒腐解过程中，菌棒 pH 值还会进一步降低 0.5～0.8 个单位。因此，在茶园间作灵芝实际生产过程中必须注意土壤 pH 值下降的问题，可以通过补施生石灰和草木灰等来解决该问题。

一些研究者提出富营养和寡营养细菌的概念，并指出 β-变形菌纲是富营养细菌，多存在于营养较高的环境中（Yergeau et al.，2012；Zhang et al.，2017）；而酸杆菌门是寡营养细菌，多存在于营养贫瘠的土壤环境中（Dion，2008）。本研究发现，与单作茶园相比，间作灵芝处理土壤中的酸杆菌门的相对丰度显著降低，而变形菌门，尤其是 β-变形菌纲的相对丰度显著增加（图 10-3），这可能与间作灵芝提高了土壤养分含量相关。据报道，伯克氏菌属、鞘氨醇单胞菌属以及戴氏菌属均是农田土壤中的有益微生物种群，具有促生、拮抗病原菌的作用（Palaniappan et al.，2010；游偲 等，2014；刘金光 等，2018）。另外，伯克氏菌是植物根际主要微生物，与植物生长关系密切（Philippot et al.，2013）。本研究发现，间作灵芝后伯克氏菌属成为最优势的细菌属，并且鞘氨醇单胞菌属和戴氏菌属的相对丰度也显著提高。可见，间作灵芝后可有效诱导有益细菌种群在土壤中定殖，改善茶园土壤环境，有利于增强茶树的抗病抗逆能力。

细菌是土壤中多样性最丰富的微生物类群，易受土壤养分、pH 值等外界条件变化的影响。有研究发现，酸杆菌门是嗜酸性细菌，在酸性土壤中生长较好（Salt et al.，2006），但本研究发现酸杆菌门与 pH 值之间的相关性不显著，与全氮呈显著负相关。另外，本研究发现，变形菌门与全氮呈显著正相关。其他学者也发现氮肥影响了土壤微生物群落的结构组成，随着氮肥浓度的增加，富营养性的分类群落变形菌门丰度增加（Fierer et al.，2012），与本研究结果一致。可见，间作灵芝处理下氮素养分含量变化对微生物群落结构的影响较大。

总之，与单作相比，茶园间作灵芝可显著增加土壤有机质、全氮、碱解氮和有效磷含量。茶园间作灵芝对土壤细菌群落丰度和多样性的影响不明显，但改变了细菌群落结构并促进土壤有益微生物群落生长。因此，茶园间作灵芝有利于改善土壤微生物生态环境。

参考文献

黄伟，2008. 浅论食用菌返生态野生栽培 [J]. 中国食用菌，27 (5)：33-34.

冀保毅，赵亚丽，郭海斌，等，2015. 深耕和秸秆还田对不同质地土壤团聚体组成及稳定性的影响 [J]. 河南农业科学, 44 (3): 65-70, 107.

贾乾义, 1992. 食用菌覆土栽培新技术 [M]. 北京: 中国农业出版社.

蒋玉兰, 张海华, 潘俊娴, 等, 2018. 茶树和长根菇间作试验研究 [J]. 中国食用菌, 37 (6): 32-35, 39.

李振武, 韩海东, 陈敏健, 等, 2013. 套种食用菌对茶园土壤和茶树生长的效应 [J]. 福建农业学报, 28 (11): 1088-1092.

刘金光, 李孝刚, 王兴祥, 2018. 连续施用有机肥对连作花生根际微生物种群和酶活性的影响 [J]. 土壤, 50 (2): 305-311.

卢陆, 2017. 林下食用菌经济发展的新模式 [J]. 中国林业产业 (2): 56-57.

陶忠, 马剑, 王睿芳, 2016. 茶菌共生对云南大叶茶茶园土壤增益性和肥效分析 [J]. 南方农业, 10 (6): 1-3.

田景涛, 陈玲, 徐代华, 等, 2020. 投产茶园非生产季节套种榆黄菇的效应研究 [J]. 河南农业科学, 49 (4): 124-130.

杨洪姣, 马剑, 王睿芳, 2017. 茶菌间作共生对大叶茶产量的影响研究 [J]. 农技服务, 34 (2): 12-14.

杨云丽, 马剑, 王睿芳, 2017. 茶菌间作模式对大叶茶土壤微生物类群的影响探析 [J]. 南方农业, 11 (2): 13-16.

游偲, 张立猛, 计思贵, 等, 2014. 枯草芽孢杆菌菌剂对烟草根际土壤细菌群落的影响 [J]. 应用生态学报, 25 (11): 3323-3330.

DION P, 2008. Extreme views on prokaryote evolution [M] //Dion P, Nautiyal C S. Microbiology of Extreme Soils. Berlin Heidelberg: Springer: 45-70.

FIERER N, LAUBER C L, RAMIREZ K S, et al., 2012. Comparative metagenomic, phylogenetic and physiological analyses of soil microbial communities across nitrogen gradients [J]. The ISME Journal, 6 (5): 1007-1017.

PALANIAPPAN P, CHAUHAN P S, SARAVANAN V S, et al., 2010. Isolation and characterization of plant growth promoting endophytic bacterial isolates from root nodule of *Lespedeza* sp. [J]. Biology and Fertility of Soils, 46 (8): 807-816.

PHILIPPOT L, RALJMAKERS J M, LEMANCEAU P, et al., 2013. Going back to the roots: the microbial ecology of the rhizosphere [J]. Nature Reviews

Microbiology, 11 (11): 789-799.

SALT M, DAVIS K E R, JANSSEN P H, 2006. Effect of pH on isolation and distribution of members of subdivision I of the phylum Acidobacteria occurring in soil [J]. Applied and Environmental Microbiology, 72 (3): 1852-1857.

YERGEAU E, BOKHORST S, KANG S, et al., 2012. Shifts in soil microorganisms in response to warming are consistent across a range of Antarctic environments [J]. The ISME Journal, 6 (3): 692-702.

ZHANG B, WU X, ZHANG G, et al., 2017. Response of soil bacterial community structure to permafrost degradation in the upstream regions of the Shule River Basin, Qinghai - Tibet Plateau [J]. Geomicrobiology Journal, 34 (4): 300-308.

附录 Biolog 微平板碳源种类一览表

Biolog 编号	底物		缩写	功能组
A2	β-甲基-D-葡萄糖苷	β-Methyl-D-glucoside	β-met-D-glu	Carbohydrates
A3	D-半乳糖酸 γ-内酯	D-Galactonic acid γ-lactone	D-Gal acγ-lac	Carbohydrates
A4	L-精氨酸	L-Arginine	L-Arg	Amino acids
B1	丙酮酸甲酯	Pyruvic acid methyl ester	Pyr ac met est	Carboxylic acids
B2	D-木糖	D-Xylose	D-Xyl	Carbohydrates
B3	D-半乳糖醛酸	D-Galacturonic acid	D-Gal ac	Carboxylic acids
B4	L-天门冬酰胺	L-Asparagine	L-Asp	Amino acids
C1	吐温 40	Tween 40	Twe 40	Polymers
C2	i-赤藓糖醇	i-Erythriol	i-Ery	Carbohydrates
C3	2-羟基苯甲酸	2-Hydroxy benzoic acid	2-Hyd ben ac	Phenolics
C4	L-苯丙氨酸	L-Phenylalanine	L-Phe	Amino acids
D1	吐温 80	Tween 80	Twe 80	Polymers
D2	D-甘露醇	D-Mannitol	D-Man	Carbohydrates
D3	4-羟基苯甲酸	4-Hydroxy benzoic acid	4-Hyd ben ac	Phenolics
D4	L-丝氨酸	L-Serine	L-Ser	Amino acids
E1	α-环式糊精	α-Cyclodextrin	α-Cyc	Polymers
E2	N-乙酰-D 葡萄糖氨	N-Aceryl-D-glucosamine	N-Ace-D-glu	Carbohydrates

（续表）

Biolog 编号	底物		缩写	功能组
E3	γ-羟丁酸	γ-Hydroxy-butyric acid	γ-Hyd ac	Carboxylic acids
E4	L-苏氨酸	L-Threonine	L-Thr	Amino acids
F1	肝糖	Glycogen	Glyg	Polymers
F2	D-葡糖胺酸	D-Glucosa-minic acid	D-Glu ac	Carboxylic acids
F3	衣康酸	Itaconic acid	Ita ac	Carboxylic acids
F4	甘氨酰-L-谷氨酸	Glycyl-L-gluta-mic acid	Gly-L-Glu ac	Amino acids
G1	D-纤维二糖	D-Cellobiose	D-Cel	Carbohydrates
G2	1-磷酸葡萄糖	Glucose-1-phos-phate	Glu-1-pho	Carbohydrates
G3	α-丁酮酸	α-Ketobutyric acid	α-Ket ac	Carboxylic acids
G4	苯乙胺	Phenylethyl-amine	Phe-ami	Amines
H1	α-D-乳糖	α-D-Lactose	α-D-Lac	Carbohydrates
H2	D,L-α-磷酸甘油	D,L-α-Glycerol phosphate	D, L-α-Gly pho	Carbohydrates
H3	D-苹果酸	D-Malic acid	D-Mal ac	Carboxylic acids
H4	腐胺	Putrescine	Put	Amines